經營者養成筆記

目錄

第二章 獲利能力
―經營者是生意人―

本書的使用方法

「由自己完成的筆記本」，
這是本書的編寫宗旨。
本筆記記錄了未來將成為經營者的人應知的諸多事項。
然而最終完成本書的人是讀者，也就是你自己。

對商務人士而言，唯有學以致用，學習才有意義。純粹增加知識量的學習方式只是浪費時間。

要融會貫通，真正掌握知識，**看書時必須與書本進行對話。**
閱讀時，需針對內容自我思考，「如果是我會怎麼想？」、
「我所在的團隊符合哪種情況？」，並將想法記錄在筆記木上。
本書頁邊餘留大量空白，便是方便你記錄與本書的對話。
請盡情勾劃、盡情書寫，在書裡加上自己的顏色。

經營者之路無涯。因此這個筆記本不會有真正完成的一天。經過反覆實踐，不斷累積經驗，即使面對的內容相同，也會獲得新的啟示。屆時請你再寫下新的感受。

請完成這本絕無僅有、專屬於你的《經營者養成筆記》。

衷心祝願你能運用本書，超越柳井正。

序章

經營者的意義

第一節
經營者的意義

所謂經營者，一言以蔽之就是「創造成果的人」。

這是我對經營者的定義。經營者需要「創造成果」，並為此而努力。

所謂成果，即「許下的承諾」。

經營者必須對顧客、社會、股市以及員工許下「發展方向」、「實施方針」、「具體方法」等承諾，並努力去兌現自己的承諾。這就是所謂的「創造成果」。

因此，這不單單指業績上的某項數值。所謂「成果」不僅包括「業績上的數值」，還包含「其他的成果」。

例如，「在保持年增長率 20% 的同時，持續達成 20% 的經常利潤率」是對業績數值的承諾，而「培養 200 名能夠活躍於世界各地的經營人才」則不屬於業績，而是量化的承諾。此外，「在上海、新加坡、紐約、巴黎建立行銷網點」以及「創造前所未有嶄新價值的服裝」則是質化的承諾。

作為經營者，一旦做出承諾，就一定要兌現，要設法使之變成現實。這就是經營者的責任。

只有兌現承諾、創造成果，才能贏得顧客、社會、股市以及員工的信任，公司才能生存和永續發展。

另外，**在考慮如何兌現承諾並創造成果時，最重要的是要思考自己的使命，即自己在社會中存在的意義。**

換言之，要好好思考我們最初成立公司的目的是什麼。

公司只有對社會做出貢獻才得以生存。因此，我們必須好好思考我們可以透過哪些事來為社會貢獻自己的一份力量。

迅銷集團的使命感可歸納為：改變服裝，改變常識，改變世界。

這個使命感沒有終點，也永遠無法到達終點，但是我們必須向著終點不斷前進。這才是正確的企業態度，也是經營者應該採取的正確行動。

對目標的追求是沒有終點的，但是我們可以盡最大的可能接近目標，為此，我們應該制定五年目標、明年的目標和今年的目標。並計畫好為達成目標，現在應該做什麼，今年內應該完成什麼。對下個月、下週、今天要做的事做出承諾，並努力兌現自己的承諾。

這就是本書所說的成果，我們所承諾的成果，必須是能夠使我們逐步完成自己使命的。

公司的使命和成果必須相連結，這才是經營的原則。

毋庸置疑，對公司而言，獲利是很重要的。經營者既不是慈善家，也不是評論家。既然是做生意，如果賺不到錢，就不能算是一個合格的經營者。關於這一點，在正篇的第二章《獲利能力——經營者是生意人——》中將進行詳細的闡述。

在此我必須強調，我絕不是在說「只要能獲利就行」，希望大家一定要正確理解我的意思，千萬不要產生誤解。

「獲利很重要」和「只要能獲利就好」是完全不同的兩個概念。

「只要能獲利就好」這種意識將會衍生出「什麼手段都行」的想法和「只要結果好就好」的想法。

靠這種方式來獲利的人並不能稱為「經營者」。說難聽點，這種人只能稱之為「黑心商人」。

對經營者而言，「正確的獲利方法」應該是「在兌現承諾創造成果的基礎上獲利」。

作為一個經營者，如果未能兌現自己的承諾，而只是賺到了錢，就必須意識到自己工作沒做好。

必須意識到如果沒能盡到應盡的義務，即使賺了錢，也毫無意義。一個公司如果只求結果好就好，這公司就不可能長久維持下去。

例如，我們承諾「創造前所未有嶄新價值的服裝」，但是卻未能在當季推出任何這類商品，未能兌現承諾。在這種情況下，我們的營業額如果還是提升，這也許僅能歸功於氣候因素的影響。

氣候因素是我們無法掌控的，只追求結果好就好，連沾了天氣的光都能讓我們沾沾自喜，那樣的話，我們距離被顧客拋棄的那一天也就不遠了。

企業如果不採取正當的方式來獲利，便無法長久經營。所以，我希望大家明白，只關注眼前是否能獲利不是一個優秀的經營者該有的態度。

松下電器的創始人松下幸之助先生將自己企業的使命比喻為「自來水哲學」。即「以自來水般的低廉價格（一般顧客可以承受的價格）向顧客提供大量優質商品，使人們獲得幸福。」松下幸之助先生透過努力實現了「自來水哲學」，並最終使松下電器獲得了長足發展。

本田技研工業株式會社的創始人本田宗一郎先生曾宣佈要使本田公司「成為世界第一的二輪車生產商」以及「參加一級方程式錦標賽（F1）並獲勝」，他實現了這個承諾，並把原本只是小鎮工廠的本田公司建設成了世界知名的企業。

作為經營者，他們為何一直都受到人們的尊敬呢？

歸根究柢，是因為他們抱持使命感，並且時時刻刻都在為實現該使命而努力，他們努力向上，他們做出承諾並以工作上的成果兌現自己的承諾。透過兌現承諾讓公司成為能對社會做出貢獻的企業。

我認為正確的經營者態度，或者說經營者應該發揮的作用，就應該像他們一樣。 我希望立志成為經營者的人，首先要好好領會並理解這一點。

第二節
經營者必備的四種能力

經營即「行動」。

　　如果僅僅停留在思考、研究，或是僅把它作為一種知識來了解，是無法創造成果的。 只有將自己考慮、研究的內容，以及學到的知識付諸實行，才有可能創造成果。

　　那麼，作為一個經營者，應該具備怎樣的精神準備和習慣，注重掌握怎樣的行動原理並付諸行動，才能獲得成果呢？

　　這本《經營者養成筆記》將一一為您闡述上述這些問題。

　　我認為經營者要想實現社會所期待的成果，必須具備四種能力。

第一種必備的能力是「變革的能力」。

　　就某種意義而言，市場是殘酷無情的。

　　如果產品不具備顧客所需要的附加價值，那它就根本賣不出去。

　　此外，現在是市場需求變化迅速、市場競爭非常激烈的時代。

　　顧客對企業的新鮮感、被企業所吸引的期間越來越短，而對企業的要求卻在不斷提高。

　　而且，世界的劇烈變化，也令顧客的期望瞬息萬變。

　　不進行變革就是死路一條。

　　沒有變革能力的企業已經無法「創造顧客」了。

第二種必備的能力是「獲利能力」。

　　就是將變革轉化成金錢的能力。是否獲利，既是是否獲得顧客支持的指標，也是衡量其經營是否妥善的指標。

　　要是不能真正獲利，就無法為他人創造幸福。最終經營也將無法維持下去。

第三種必備的能力是「建設團隊的能力」。

工作都是透過團隊合作來完成的。因為一個人能做的事畢竟有限。

作為一個經營者，無論他有多好的變革想法，也無論他多麼深諳獲利的方法，如果不具備建設團隊的能力，同樣不可能取得大的成果。

第四種必須具備「追求理想的能力」。

企業的最終目的是實現自我存在的意義，即實現使命。對於使命而言，變革、獲利、建設團隊等，都是為實現使命而採取的手段。

企業透過實現使命，為社會做出貢獻方才有存在的價值。

為此，我們要樹立遠大的理想，清楚設定為實現理想而應做的工作，並不斷透過努力完成這些工作。只有具備了這種追求理想的能力，我們才能一步一步地實現自己的使命。

如果將這些能力看作經營者的一種身份，那麼也可以說，經營者必須具備以下四種身份。

「**變革的能力**」	—**創新者**—
「**獲利能力**」	—**生意人**—
「**建設團隊的能力**」	—**領導者**—
「**追求理想的能力**」	—**為使命而生的人**—

這本筆記分別就這四種能力，從七個角度出發來講述要成為經營者所必須注重的要素。

希望大家能著眼自身的問題、自身的情況，邊思考邊閱讀，不斷寫下必要的事項，最終完成這本為自己量身訂做的《經營者養成筆記》。

經營者必備的
四種取得成果的能力

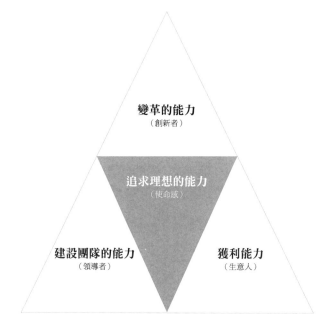

第三節
為何必須培養經營者

迅銷集團以 UNIQLO 為首，在全球展開集團事業。

我們的目標是要成為「**革新型的全球企業，世界第一的服飾製造零售集團**」。

要想實現這一目標，各個企業、各個地區都必須要有能擔當大任的經營者。這指的不是來自日本，對各國事業的展開情況進行監督的管理者，我們需要的是**能在各個企業、各個地區獨立自主地展開經營活動的經營者**。

如果集團的經營狀態並非如此，「成為革新型的全球企業」就將是一句空話，「成為世界第一的服飾製造零售集團」這一目標也終將落空。

毋庸置疑，在選拔經營者時，看的是這個人是否優秀，而不是國籍。只要夠優秀，世界上任何國家的人都有資格擔任經營者，這個機會是屬於全世界的。

從今後事業的發展前景來看，我們至少需要 200 名這樣的經營人才。

而且，對這類經營人才的需求並非是遙遠的未來，我們必須盡快培養出這麼多的經營者。

相反地，如果我們培養不出這麼多的經營者，我們就無法成為「革新型的全球企業」，也無法成為「世界第一的服飾製造零售集團」。

對於那些立志於成為經營者並為此而努力學習的人，我希望你們首先要認識到，做一名經營者並非一件簡單的事，要做好足夠的心理準備。

我絕不是在否認 MBA 學位的價值，但是獲得 MBA 學位並不意味著就能馬上成為經營者。

有些人把「我不但取得了 MBA 學位，而且能力也很強，只要早點兒給我權力，我一定可以創造成果。」掛在嘴上，但這些人往

往容易失敗。

把顧客想得過於簡單、指揮不動員工、帳對不齊等都是經常發生在這類人身上的問題。

他們總是計畫得很好，一旦付諸行動卻會出現很多問題。

經營是要落實在行動上的，因此，想成為一名經營者，還是需要親身體驗各種工作，並不斷對如何才能經營好，如何才能調動員工的積極性等問題進行認真思考。只有在工作中經受鍛鍊，不斷磨練自己，才能成為一名優秀的經營者。

在過去很長一段時間內迅銷集團都只經營 UNIQLO 這個品牌，並在日本國內獲得巨大成功，成長為業界屈指可數的大公司。最近迅銷集團開始拓展海外業務以及 UNIQLO 品牌以外的其他事業。即便如此，我還是覺得我們所處的世界很小。

的確，在休閒服業務方面我們或許比任何人都更精通。但是，對於世上的其他事，以及未來這個社會的動向等卻並沒有多少了解。**從某種意義上而言，我們的視野很有可能會因為只關注自己的事業而變得狹隘。**

而且我們已經成長為大型企業，取得了成功，遺憾的是我們也因此而在任何場合都位於強者的立場。

也許有人會說：「這多好啊，為何要感到遺憾呢？」

其實，所謂強者就是，例如，由於我們是對方的頭號客戶，所以對方往往會對我們言聽計從。雖然有時也會進行談判，但基本上很多時候都是我們處於優勢地位。

這種強者理論，同樣會表現在處理和部下的關係以及資金運用等方面。

例如，我們會認為只要下達指示，部下就會老老實實地按照我們的要求去做。

在經費支出方面，我們的管理也容易變得鬆懈，不去認真考慮「這項經費是否真的應該支出？」。

成為大企業固然很好，但在成為大企業後，我們在和客戶打交道，在和部下相處，以及在使用資金等方面，都難免會表現出大企業員工的作風。

　　凡是從大企業跳槽到迅銷集團後，止步不前的人、作不出成果的人、得不到部下支持的人，大都是因為已習慣了大企業的做事方式，而且無法改變自己工作方式的人。

　　因此，從培育經營者的角度考慮，總是處於強者地位的大企業，如不加以注意的話，其實並非是一個培育優秀經營者的良好環境。

　　如果身在一家兩耳不聞窗外事的業界龍頭，工作中以大企業的強者理論來行事，又總是擺出一付「我們是經營者」的架勢，這種人在社會上恐怕是行不通的。

　　在公司的組織架構和公司品牌的保護下，或許能夠取得一些成果。但是如果拋開這些，以「**作為一個經營者是否能夠立足於世界？**」的標準來衡量的話，我認為，在我們公司符合這個標準的經營者，無論是在數量上還是品質上都還遠遠不夠。

　　我們的目標是要「創造革新型的全球企業，成為世界第一的服飾製造零售集團」。為此，正如上面所說，從日本派管理者進行監督的做法並不適用於我們，「將經營管理委任給那些可在各自所在企業、所在地區獨立自主地展開經營活動的經營者」才是我們應該採取的做法。

　　所以，我們要培養的不是延續大企業管理理念的人，而是「放諸四海皆可用的經營者」。

　　為此，我希望這些人能夠在盡可能短的時間內掌握「經營者的工作方法並做好心理準備」。

　　這本筆記記錄的是我在經營實踐中獲得的一些體認。這是我在經歷失敗，交了大量學費之後才感悟到的，這裡所記錄的都是我認為非常重要的思考方式和工作方法，並且經過實踐的檢證，使我更確信這些想法。

我在 25 歲時繼承了父親經營的小郡商事，35 歲時創造了 UNIQLO 一號店，並在 42 歲時將其發展為迅銷集團。

　　在學生時代我是一個懶惰的人，也曾經是一個失敗的經營者，在剛從父親那裡接手公司時，我甚至讓公司經歷了除一名職員外，其他員工都辭職的窘境。

　　但是，從失敗中我不斷地思考經營的原理原則，並反覆進行實踐，透過不斷地學習和實踐終於走到了今天。

　　現在，迅銷集團閱讀這本書的人，都是比我優秀得多的人。我想，如果大家能儘早學習經營的原理原則，並透過實踐掌握其精髓的話，那麼大家不僅能比我更快地成為經營者，而且還可以這本筆記為基礎，在今後獲得更大的成就。

　　因為我本人經歷了多次失敗，所以如果有可能的話，我希望當大家成為一名經營者時不要再經歷失敗。

　　為此，我希望大家能夠事先了解經營的原理原則，這樣在大家成為一名經營者時就可以不經歷失敗，避開不必要的風險。

　　這本《經營者養成筆記》正是基於這種想法總結而成的。

　　我希望大家**不要滿足於做一名「還算稱職的經營者」，而要成為「對社會做出巨大貢獻，努力讓社會變得更美好的經營者」**，帶著這般願望，我寫成了這本筆記。

第一章

變革的能力

經營者是創新者

第一節
抱持高目標

要抱持別人認為不可能實現的目標

要想進行革新，經營者就必須進行實踐。第一步就是要「抱持高目標」。

大家在工作中是否做到了「抱持高目標」？

稍加努力便可達成的目標不能稱之為「高目標」。

在組織中進行革新所必需的高遠目標是指「以常識無法想像」的目標。

例如，在迅銷的營業額還只有八十億日圓左右時，我們就已經確立了「超越 GAP，成為世界第一的服飾製造零售集團」的目標。當我在國外的會議上提出這個目標時，周圍的人都在竊笑。由於目標過高，以致大家都不覺得我是認真的。

雖然目前這個目標還沒有實現，但是我想正是因為我們認真地提出了這一目標並不斷為之努力，才有了以往的無數革新，才使迅銷走到了今天。

那麼，迅銷都進行了哪些革新呢？

刷毛產品和 HEATTECH 等商品是大家能夠馬上就想到的迅銷革新之一。但是，迅銷的革新還不止這些。

企業在郊外開店取得成功後再到城市中心開店並展開經營，這在現在看來是理所當然的事。但是，這種在今天看來理所當然地經營模式，在日本是由迅銷首開先河的。

當我們決定在原宿、新宿等地開店時，社會上普遍認為「那樣做一定會失敗」，「郊外型店鋪在東京都中心是不可能生存下去的」。但是，既然我們已經確立了成為世界第一服飾製造零售集團的目標，這樣的挑戰就無法避免。於是我們步步為營，反覆嘗試，不斷實踐。

在全體員工的努力下，這一經營模式終於取得了成功。自此不僅是服飾業，家電賣場等其他郊外型店鋪也相繼採取這種經營方式進駐城市中心。現在人們對這種經營方式已經習以為常了。

迅銷的另外一個革新就是讓人們在通過剪票口後不出車站就可以買到衣服。我們可以驕傲地說，在日本這種銷售方式的變革也是由迅銷集團引領開創的。

為何這些革新都能獲得成功呢？這是由於我們樹立了高目標。一旦樹立了被大家視為無法現實的高遠目標，為了實現它，就不得不進行各種各樣的變革。這也使我們意識到「僅僅延續現有做法是無法實現如此高目標的」。

逼自己去面對「依靠延續現有做法所無法實現的目標」

例如，回顧迅銷的歷史大家不難發現，在公司需要大膽飛躍的時期，迅銷總是為自己制定銷售額達到當時 3 至 5 倍的長期目標。

在銷售額是一百億日圓時，我們制定了三百億日圓的目標；在銷售額達到三百億日圓時，我們制定了一千億日圓的目標；在銷售額是一千億日圓時，我們制定了三千億日圓的目標；在銷售額達到三千億日圓時，我們的目標就是一兆日圓。目前，我們的目標是銷售額達到五兆日圓。

這樣做有什麼意義呢？那就是使我們從「延續現有做法」這個思維框架中解放出來。例如，當銷售額是一千億日圓的時候，如果我們制定的目標僅是當時銷售額的 1.1 倍或 1.2 倍，那麼要實現這樣的目標我們只需延續銷售額為一千億日圓時的創意和措施即可。但是，那樣的創意和措施恐怕其他公司也想得到，做得到。如此一來，就會與其他公司陷入同樣的競爭，最終將導致風險增大，甚至連銷售額增至 1.1 倍、1.2 倍的目標也難以實現。

但如果我們把目標定為銷售額提高到 3 倍，即三千億日圓，會出現什麼結果呢？很顯然，我們必須轉換思維。比如那會讓我們意識到，如果我們的品牌只有少數人知道，而不是全日本人都熟知的話，我們就將無法實現這個目標。由此我們還會進一步想到：「無論我們在郊外開設多少家店鋪都無濟於事。所以我們必須在日本服飾流行的最前線——東京原宿這樣的地方大獲成功。」

可能還會讓我們想到：「店內光陳列進口商品是不行的。因為別的公司同樣也能做到。」、「我們必須創立自己的品牌，必須所有

商品都是自己公司的產品，而且，由於日本顧客非常注重商品的品質，我們的商品還必須達到能夠讓所有日本顧客滿意的高標準。」、「這代表我們在中國的合作工廠的生產水準必須達到世界最高水準。這一目標，如果僅憑我們的員工從日本本部向中國下達指令是不可能實現的。還需聘請在日本纖維業界工作過並擁有高超技術的人作為『技術顧問』親臨現場指導。迅銷必須與中國的合作工廠構築真正的合作夥伴關係，互相配合，共同致力於提高技術」。確立高目標後，以上的這些想法自然就會被激發出來。

接下來就是將我們腦海裡所描繪的東西付諸實踐。尋找可行的方法，並不斷努力直至成功。在這一過程中就會產生革新，而這種革新又會創造顧客，幫助我們實現自己樹立的高遠目標。

下面我們就以商品為例而說明這個原理。

一旦我們制定了「這件商品要賣出一千萬件」的目標，為了達成這個目標，自然就要進行各種各樣的革新。

在刷毛產品的銷量達到一百萬件時我們並沒有因此滿足，而是設定了六百萬件，一千兩百萬件的更高銷售目標。結果，我們的銷量先是達到了八百五十萬件、進而又達到了兩千六百萬件。

最終，不光是生產技術，甚至在單品銷售廣告及銷售方式等方面都引發了革新。例如，現在的 UNIQLO 廣告大多受到顧客的好評，這也是我們先確立了高遠目標的結果，因為為了實現目標，我們就必須認真思考如何才能更好地向顧客宣傳迅銷的商品。

這些革新的成果成為企業的祕訣，而且，這些祕訣又將應用到其他商品的銷售上。革新的成果就這樣不斷發揮著作用。

這一革新原理適用於任何部門、任何工作。

在成為經營者的路上，深深影響我的一本書是《Professional Manager Note》（《職業經理人筆記》）。作者 Harold Sydney Geneen 回顧了自己作為經營者的成功經驗，如此提到：

「從終點開始吧。因為只要你設定了終點，『為了獲得成功該做哪些事情』將一目瞭然。」

的確，經營首先要從設定作為終點的目標開始，因為這樣才能讓你明白自己到底該做什麼。目標訂得越高，為實現目標而做的事

也就越具革新性。

　　以破釜沉舟的氣勢樹立高遠目標恰如革新之母，其結果便是創造顧客。

挑戰《白雪公主》帶來的革新價值

　　大家看電視或電影時看過長篇的動畫嗎？

　　即使現在不看，小時候也肯定看過，有小孩的話孩子也一定在看吧？看長篇動畫在現在已經是人們日常生活中一件很平常的事了。

　　但你知道，這件在現在看來稀鬆平常的常識，最先是哪家公司透過努力將它變成人們今天的「常識」的嗎？

　　這家公司就是美國的華特迪士尼公司。

　　迪士尼在 1934 年，設定了製作世界上首部長篇動畫這一高遠目標，並發起了挑戰。以當時的情況來看，與其說它是高遠目標，不如說是不可能實現的目標更為恰當。

　　「那麼長的動畫片，誰會看呢？」

　　這就是當時世人的反應。

　　但是，迪士尼並沒有理會外界的言論，而是開始了長篇動畫片的開發、製作。

　　據說當時迪士尼幾乎將公司的所有資本都投入到了這部動畫片上。

　　看到這種情形，外界紛紛指責「迪士尼瘋了」、「迪士尼要完蛋了」。

　　迪士尼公司卻不顧人們的批評，終於在 1937 年完成了《白雪公主》的製作。

　　結果正如大家所知，該片取得了巨大的成功。不僅如此，在該動畫片誕生八十年後的今天，其 DVD 等仍在世界各地銷售。正是迪士尼在娛樂界創造了「長篇動畫片這種新的商業形式」。

　　請大家試想一下，《白雪公主》為後來的迪士尼公司帶來了多少顧客和利潤？這部動畫片的製作，又為迪士尼公司在技術、銷售以及其他各方面引發了多少內部革新呢？

因此，我深切地感到：必須樹立高目標，並向目標發起挑戰。因為挑戰目標能夠引發革新，創造顧客。

第二節
質疑常識，不受常識束縛

常識妨礙公司的發展

　　我在前面已經說過，抱持高目標可以促使我們放棄延續現有做法的想法，採取具有革新意義的措施。

　　其實，經營者在日常工作中原本就應該對所謂的常識抱有懷疑態度，並養成不受常識束縛，獨立思考的習慣。

　　妨礙公司成長、發展的最大敵人就是「常識」。

　　當我們長久處於一個行業、一個公司、一項事業之中時，不知不覺地就會把現有狀態當作「常識」。

　　如此一來，我們就會想當然地設定出一些框架，比如認定

　　「刷毛產品應該由登山服和戶外服廠商生產」、

　　「HEATTECH 這類商品應該是在體育用品店銷售」、

　　「BRATOP（附罩杯內衣）這類商品就是內衣」等等，而這樣想的結果就是扼殺了自己的潛力。 但是，這些框架是由誰決定的呢？

　　是否有什麼國際規則規定了必須那樣做不可呢？

　　並非如此。這些都只不過是各行業或各行業的公司自己認定的，或者是為了劃分生存空間而根據自身方便與否劃出的框架。

　　這種框架的劃分，並沒有考慮到顧客。

　　那些從顧客的角度來看並無意義的事，給顧客帶來不便的事，行業裡、公司裡的人或是從事某項事業的人卻把它稱之為「常識」。

　　這樣做的結果是，很多對顧客而言很重要的事我們卻沒能做到。

　　我常說：「行業是過去，顧客是未來，不要過分關注競爭對手，**而要全心全意地以顧客為中心展開經營**」。行業的慣例已經是過去的東西，遵循慣例的企業是沒有未來的。全心全意為顧客著想的公司才有未來。

　　因此，對於那些所謂的「常識」，我們必須抱著懷疑的態度重新審視，比如「從顧客的角度來看，這樣做正確嗎？」、「從顧客的

角度來看，非這樣不可嗎？」等等。

此外，當我們站在顧客立場上感到不便或是產生了「要是有這種商品就好了」的想法時，當顧客問我們「有這樣的產品嗎？」時，就要反思：「我們是否因拘泥於公司的常識，而沒能真正做到想顧客之所想呢？」。

在這種情況下，如果僅以一句「對不起」或「我們店沒有這種商品」來草率應對的話，這個企業就不可能有未來。

7-11 便利店的「夏季關東煮」和「冬季冰淇淋」

因質疑常識，不受常識束縛而獲得成功的著名革新案例當屬7-11 便利店的「夏季關東煮」和「冬季冰淇淋」。

過去超市受飲食文化常識的影響，認為關東煮這種熱氣騰騰的東西是在寒冷冬日吃的，而冰淇淋則是炎熱夏季的食品。

因此，天氣一變暖，就把關東煮從貨架上撤下來；天氣一變冷，就縮小冰淇淋的櫃檯。

但是，7-11 便利店卻反其道而行之。

即使在夏季，收銀台旁邊的顯眼位置也醒目地擺放著關東煮；即使在冬季，冰淇淋也仍舊佔據著店裡的絕佳位置。

結果賣得非常好。於是其他便利店也紛紛效仿。現在，在日本的便利店，這種商品設置方式已經成為一種「常識」。

之所以獲得成功要歸功於空調的普及。由於夏天開著冷氣，無論在辦公室還是家中都感覺身體發冷，所以想吃熱的東西。相反地，冬天由於開著暖氣而感覺渾身發熱，所以就想吃涼的東西。正是這種生活環境的變化大大影響了商品的銷售。

正因為能夠從顧客的角度來質疑常識，才創造出了「夏天吃關東煮」，「冬天吃冰淇淋」的顧客，並成功開拓了前所未有的新市場。

類似的例子還有很多，其實在人們所謂的「常識」中往往蘊藏著許多商機，希望大家能夠意識到這一點。

不要被不安束縛手腳，要勇於嘗試

我們所屬的纖維產業是非常保守的，很多公司都拘泥於所謂的行

業「常識」。一旦讓常識支配了我們的心智，我們就會簡單地認為：

「那是不可能的。那樣的事我們是做不了的」，

「即使做了那件事，我們的情況也不會有好轉」，

「那樣的商品是不可能暢銷的！」，

「那樣做的話結果一定會很糟糕，我們會被當作異類看待的」等等。

諸如此類的先入為主的想法，使我們甚至喪失了行動的勇氣。

對於這類情況，我想說的是「連試都沒試，怎麼能就妄下結論？」。

經營者應該帶著「危機感」進行經營，而不是在「不安」的情緒下進行經營。因受常識束縛而產生的上述想法其實只是「不安」。「不安」是一種很不確實的情緒，大多沒有確切的證據、也無法確定是否會發生。而且，它是我們自己所無法控制的一種心理狀態。

所以，當你感覺不安時，請你嘗試將讓自己感到不安的事情具體寫出來，並弄清真實情況。這樣你就會發現，**為那些事而煩惱是沒有任何意義的**，而且那些不安其實並非什麼大不了的事。

為一些再怎麼發愁都得不出結論的事情，或者為自己無法掌控的事情而煩惱，只不過是浪費時間而已。有些人總是為那種不安而前思後想，還誤以為自己是一個考慮周全的經營者，但這其實算不上是在深思熟慮地工作。

重要的是要勇於嘗試。

嘗試之後，如果發現心中的不安不幸變成現實，該怎麼辦呢？例如，如果商品果真不暢銷，該怎麼辦？這時，要做的事情其實只有一件，那就是籌劃各種能夠讓商品暢銷的方法並付諸實踐。如果還是不行就絞盡腦汁思考下一個對策。如果能像這樣採取一個又一個的具體行動，你就不會有閒工夫感到不安了。

第三節
樹立高標準，不妥協不放棄，堅持追求

要在工作上樹立高標準

經營者要想獲得成功，很重要的一點是要具備「**品質意識**」。

要對自己所從事的工作懷有品質意識。

即對「商品品質」、「服務品質」以及「所有輸出端的品質」等都要樹立高標準，這才是經營。

品質的標準是以「是否真正有益於顧客」來界定的。我希望我們組織機制中**所有工作的標準都依此制定**，並希望大家能夠**堅持不懈地追求品質標準，絕不妥協**。

也就是說，希望大家能夠以此標準來要求自己每次、每天的工作，為創造成果而努力，

並且不斷提高標準，每星期、每個月、每年，都以更高的標準來要求自己。

經營者要想實現高目標，在這一點上就絕不能妥協。

顧客是很挑剔的

為何我們要注重品質的標準呢？

這是因為「顧客是很挑剔的」。

試著換角度思考一下，就能馬上明白，顧客一旦把某樣東西拿到手，體驗過後，就有了自己的標準。

從此他們將以這一標準衡量商品。

而且漸漸地顧客將不再滿足於現有標準，而去追求更高的標準。在希望獲得的標準得到滿足後，又會去追求比其更高的標準。**顧客的標準就是這樣一步一步地提高的。**

例如，現在日本百元店的商品品質非常好，有些商品甚至會讓人懷疑「這樣的東西一百日圓能買得到嗎？」。

如果哪家公司以「一百日圓的東西，這品質就不錯了」的標準

來經營，那它必將破產。

現在風靡世界的迴轉壽司也是同樣的。

現在的迴轉壽司，壽司的品質並不遜於那些經過多年磨練的師傅所做的，家族顧客和外國顧客也能享受到店裡專門為他們而準備的壽司。

如果迴轉壽司店只是提供價格便宜的壽司，那它也終難逃脫破產的命運。

加上現在資訊和國境的界限已不像以前那麼明顯，顧客們了解世界各地的各種資訊，甚至有過親身體驗。**可以說顧客比我們更了解各種資訊。**如果妄自認為這不可能而一笑置之，那不過是種傲慢。我們一年到頭只是埋頭研究自己的公司、自己的產品、自己的服務等，而顧客卻研究並體驗著世界上的各種商品和服務。

在當今這個時代，如果不具備真正的高標準，就隨時可能被淘汰。

而且，過去迅銷只參與日本市場的競爭，今後我們卻將真正投身到全球的競爭之中，因此我們只有以**適用於全球所有人的、普世的高標準為目標不斷努力，才能取得經營的成功。**

自己制定的標準沒有意義

我們說要樹立高標準，但這個標準並不是「自己容易實現的標準」，請大家一定不要誤解。

很多人會說「按自身的情況來看我們做得不錯」，但是這對於經營而言是完全沒有意義的。

我們必須以能夠真正令顧客滿意的標準來衡量自己的工作。這個標準現在已經變得越來越高，因此，我們必須不斷追求全世界最高的品質，並將其作為我們衡量我們工作的標準。

我們的店鋪是世界上最整潔的店鋪嗎？

我們店鋪的購物環境是世界上最舒適的嗎？

我們店鋪的服務是世界上最好的嗎？

我們的商品是世界上最具附加價值的商品嗎？

我們的工廠是否有能力生產全世界品質最佳的商品？

我們的管理體系是否是世界上最先進的？

我們必須為自己制定諸如此類的高標準，並毫不妥協地不懈追求。直至我們達到令其他公司望塵莫及的高度。

要想在競爭中取勝，我們就必須抱著這種念頭，將經營品質提高到這一高度。請大家反思一下，自己是否做到了這一點？如果我們以這種標準來衡量自己的工作，恐怕就會發現我們還有很多地方做得不夠。

如果有人認為「自己做得很好」，那或許僅僅是因為他把標準訂得太低的緣故。

因追求高標準而導致的失敗並非問題

這樣的高標準並非輕易就能實現。最初往往無法達到這個標準，而以「失敗」告終。

我認為即便如此，為之所付出的努力也是值得的。

據說 IBM 的創始人湯瑪士・約翰・華生經常這樣教導員工：

「追求完美即便遭遇失敗，也勝過因以不完美為目標而取得的成功」。

如果以五十分為目標，達成目標是很容易的。但是那樣的目標並不能帶來令顧客認為完美的結果，即使實現又有什麼意義呢？

反倒不如為自己制定一個高標準。因為即便我們無法馬上達到我們所追求的這個高度，但是，與低標準相比，追求高標準更能促使我們製造出高品質的商品。而且，在挑戰高標準的過程中，我們一定會有所收穫，同時也能學到很多東西。

當然，這裡有一個前提條件，那就是我們必須真正面對失敗，認真思考接下來的對策，並不斷付諸實踐。

只要能夠這樣做，那麼，透過不斷的努力一定能夠獲得成功。因此，我們允許這種失敗。

說到底，如果一家公司總是滿足於低標準，那它離破產也就不遠了。

比如，如果迅銷以製造僅次於 GAP、H&M 和 ZARA 的高附

加值商品為目標，或是追求僅次於這三家公司的舒適購物環境，那麼，我們就永遠無法戰勝這三家公司。豈止是無法戰勝，甚至還會迅速衰亡。這樣的結局並不難想像。

高標準的實現，能夠為公司確立絕對優勢的地位

如果一家公司能夠達到顧客真正認可的高標準，那麼它就將獲得絕對優勢。

所謂絕對優勢，是指某家公司制定的標準已經成為顧客心中的常識，對於沒達到這個標準的其他公司的產品，顧客根本無意購買。

例如，網路領域的 Google 公司、移動技術領域的蘋果公司、遊樂設施領域的迪士尼樂園就都獲得了這種絕對優勢。

也就是說，**任何公司能夠成功發起改變顧客常識和習慣的高價值革新，它就能夠獲得絕對優勢。**

我們應該不斷向這類革新發起挑戰。

下面就以我們挑戰 HEATTECH 的過程為例對這一問題進行進一步的探討。

HEATTECH 如今已成為 UNIQLO 的代表商品。但是，大家都知道，HEATTECH 並非從一開始就大獲成功。在 2003 年剛上市時，其賣點是保溫性和發熱性。當時共售出了一百五十萬件，雖不算差，卻也稱不上是令人滿意的銷量。

我們並未就此停下腳步，而是堅持不懈地追求更高的品質。

2004 年，HEATTECH 增添了抗菌和速乾功能。

之後在 2005 年又增添了保濕功能。這一功能獲得了希望在冬天預防皮膚乾燥的女性顧客的大力支持，這一年，HEATTECH 的銷量達到了四百五十萬件。

在其後的 2006 年，我們和化學纖維廠商東麗株式會社結成戰略合作關係，不斷實現高於顧客要求的高標準。具體地說就是進一步提高商品的功能性、品種的多樣性和時尚性。這些努力沒有白費，2007 年我們實現了兩千萬件的銷售業績，2010 年又將銷量提高到八千萬件。

儘管 HEATTECH 在世界範圍的普及程度還遠不及日本，但是

在日本「一提起冬天就想到 HEATTECH」已開始成為人們的一種常識。每當冬季臨近，天氣變冷時，就去 UNIQLO 買 HEATTECH 也已開始成為顧客的一種購物習慣。

十年前人們還沒有這樣的常識與習慣，可以說是迅銷發起了這場服飾的變革。

能夠發起這樣的革新，這要完全歸功於我們對品質的不斷追求和年復一年的不懈努力。

所以，我們決不能滿足現狀，只要我們以提供真正優質的服裝為目標，不斷追求高於顧客要求的標準，那麼，不僅是 HEATTECH，其他商品也完全有可能獲得全世界的認可，並在世界範圍內增加銷量。

我認為「**真正的好東西是可以獲得全世界認可的**」。

更準確地說，應該是「只有真正好的東西才能獲得全世界的認可」。

大家是否在製造真正的好東西？

人家是否在進行真正高標準的工作？

我希望大家以高標準為目標，執著地追求並努力實現目標，將公司建設成為一個充滿為全世界所認可的優質商品和優質服務的公司。

第四節
不畏風險，勇於嘗試，敢於失敗

追求安定的公司是不可能獲得穩定發展的

一旦確立了高目標，不斷追求高標準，就意味著我們要對從未經歷過的新事物發起挑戰。

而人在挑戰新事物時，往往會感到不安。甚至產生這樣的擔心：

「我真的做得好嗎？」

「萬一失敗了怎麼辦？」

一旦這類不安心理占據了上風，

我們就會產生「不想把公司置於險境」的想法，

而且這種想法還會影響我們的經營方針和決策。這就是「**追求安定**」**的經營**。

這種追求安定的想法聽起來似乎不錯，但是卻會導致經營的失敗。

特別是日本人，由於已經習慣了「適度為美」、「中庸為佳」這樣的美學思想，加之「安定」一詞又與這種美學十分契合，因此很難抗拒對它的嚮往。

一聽到這個詞，人們首先就會想：「沒錯。任何事情都是安定最好」。

反之，一聽到「高速發展」這個詞，人們首先就會浮現出「不妥當」、「不安心」，或是「這麼做很快就會失敗，很快就會破產」等想法。

但是，這些想法都脫離了事物的本質。

事物的本質就是「**從一開始就嚮往安定的公司是不可能獲得穩定發展的**」。

為何這麼說呢？理由很簡單。

因為顧客是很挑剔的。沒有哪個顧客願意把錢花在一成不變的商品上與制式化的店鋪中。

此外，由於競爭的存在，各家公司都爭相想出各種方式來吸引

顧客。

社會在以驚人的速度發展變化，人們的需求也同樣瞬息萬變。

倘若顧客、競爭方式、社會都是靜止不變的，那麼追求安定或許可行。但是那樣的世界是不存在的。

現實情況是，只有經營者能夠不被這些變化打敗，**進而將這些變化轉換為商機並巧妙經營，我們才不至被顧客拋棄，否則公司也將難逃消亡的命運。**

不懂經營的人，經常諷刺敢於大膽接受挑戰的公司「不正視現實」，從這個意義上而言，其實追求安定才更加「不正視現實」。

「不想將公司置於危險境地」這種想法，反倒「更有可能將公司置於險境」。

經營者是為了在當下和未來均能實現成果的最大化而存在。

要完成這個職責，就必須不畏風險地去挑戰應該挑戰的事。在必須投身其中時，就要大膽果斷地參與。

如果經營者沒有這種心理準備，就不可能創造顧客，也無法讓公司生存下去。

風險總是伴隨著機會

「*沒有風險就沒有利潤。風險總是伴隨著利潤*」。這是經營鐵則。

你知道為何嗎？

因為有風險的事情，會令很多人產生畏懼，或是覺得困難，或是由於認定不可能而從一開始就放棄了，或是被常識所束縛，最終未能付諸行動。

一般而言，世上不可能有什麼事情是「只有我們想得到」的，但是，能將自己的想法確實付諸實踐的人卻很少。

因為多數人都希望規避風險。

但是，如果換個角度看，對於經營者而言這卻是個機會。

別人還沒有動手去做就意味著，我們可以完全掌控該項商機，並在市場上佔據絕對領先的優勢，而且還不必擔心會由於其他人的介入而沖淡由此產生的利潤。

反之，不冒風險，我們也就不可能掌握這些優勢。

認真評估風險

我常說「要不畏懼風險」，但是它絕不等同於「不對風險進行評估」。經常有人對此產生誤解，因此，有必要在這裡向大家強調。

我絕不是讓大家不考慮風險，莽撞行事。

必須考慮到風險，並對風險進行評估。

所謂評估風險，就是要冷靜、認真地思考「這麼做的話風險在哪？」以及「風險有多大？」等。

那些標榜「在對風險進行評估之後，才決定放棄」的人，很多人與其說是經過了冷靜認真地思考，不如說僅僅因為最先產生了不安和恐懼，就在腦海裡浮現出很多不能去做的理由，並以「對風險進行了評估」為由，冠冕堂皇地將理由正當化。

其實這並非評估，而是停止思考。

迅銷在 1998 年 UNIQLO 原宿店開業之際，就決定完全銷售自家生產的商品。

完全銷售自家生產的商品所伴隨的風險是，要停止銷售 NIKE、愛迪達等進口體育品牌商品。換言之，公司將面臨著失去這部分商品營業額的風險，而這些商品在當時的 UNIQLO 是頗受歡迎的。但是，如果繼續銷售這些商品，我們的利潤幅度就會受到限制。

而且，為了將真正優質的服裝送到全世界所有人的手中，我們必須掌控商品從生產到銷售的所有環節，創立自己的品牌。但是，如果我們繼續銷售其他公司生產的商品，就永遠無法創立我們自己的品牌。

這是不完全銷售自家商品所伴隨的風險。

在考慮是否應該完全銷售自家生產的商品時，將這兩種風險放在天平上衡量，這才是風險評估。

如果用「眼前利益」這個尺度來看，還是不要完全銷售本公司的產品比較好。因為我們勢必要捨棄原本銷量頗好的商品。

但是，如果用「長遠利益」這個尺度來看，又會看到不同的景致。如果新的措施取得了成功，我們將會看到很多人穿著我們 UNIQLO 品牌的服裝，穿梭在全世界的大街小巷，並且所有的利潤都將屬於我們自己。

那些有可能導致公司倒閉的風險，不能使公司大獲收益的風險是應該規避的。

除此之外，是否該冒風險，完全取決於冒風險和不冒風險哪個能夠帶來我們希望看到的景致。迅銷在那時選擇了冒風險，也就是選擇了完全銷售自家商品這一新措施。

時至今日，當時我們希望看到的景致已經逐漸呈現在我們眼前。

一旦選擇冒風險，就不能半途而廢，必須不懈努力直至創造成果

當然，一旦我們選擇冒風險，最不該犯的錯誤就是，「冒著風險進行新的嘗試，捨棄了眼前的利益，結果新的嘗試卻半途而廢，無疾而終」。

如此一來，不僅是短期利益，為進行新的嘗試而投入的成本以及未來的利潤都將成為泡影。

因此，一旦決定冒風險，就必須全力以赴地將應做的事進行到底，勇往直前，直到創造成果。換言之，一旦決定做一件事就必須做到底。這是很重要的經營之道。

成功的公司都是一旦決定做某事便全力以赴做到底的公司。

在創造成果之前，也許會經歷多次失敗。不過，進行新的嘗試也就是做我們未曾經歷過的事，一開始做不好也是很正常的。

對於經營者而言，最重要的是不向挫折低頭。不因一兩次的失敗而氣餒。

「果然很難」、

「當初不做就好了」

面對失敗，這種沮喪和懊悔也許會掠過你的腦海，但這時一定不要氣餒，要認真找出失敗的原因，思考接下來的對策，並付諸行動。

一旦放棄，一旦我們的努力半途而廢，我們就將一無所有。

遭遇失敗後，有些人因此中途出來道歉並引咎辭職，但是，這並不是為失敗負責的做法。

如果真想為失敗負責，就應該：

「拿出不達目的誓不罷休的幹勁，不斷摸索嘗試」。

「在意識到遭遇失敗之後，認真追究原因，並從失敗中總結經驗教訓」。

「將從失敗中獲得的經驗教訓運用到今後的工作中，以創造成果」。這才是為失敗負責的做法。如果能這麼做，那麼不管失敗多少次都沒有問題。因為我們一定能在失敗中獲得成長。

第五節
嚴格要求／詢問本質問題

如果不提出要求、不提出問題，現場的工作就變成了「機械操作」

現場的工作如果不用心去做，就會流於今天的工作只是昨天工作的簡單重複。

僅僅因為被公司雇用而為公司工作的普通員工大多不具備創造顧客這一意識。

因此，只有經營者抱著創造顧客的方針，並將這一方針滲透到每項具體的工作中，員工才會對此產生興趣。

如果員工對創造顧客不感興趣，那他們每天的工作就會變成簡單的重複。每一項工作也終將變成「機械操作」。

工作一旦變成了「機械操作」，在接待顧客時，員工就無意發揮想像力來思考如何才能為顧客提供更好的服務。

查看資料時，眼中看到的也僅僅是數值，看不出隱藏在數值背後的顧客的心理。

因此，經營者必須經常就創造顧客這一方針與員工進行交流，必須提出以下這類問題督促員工思考：

「你認為客人的想法是什麼？」

「那麼，你認為下一步該怎麼做呢？」

如果透過員工的回答發現員工想得過於簡單，還需繼續發問，例如：

「真是這樣嗎？」

「你為何會這麼想呢？」等等。

透過這種方式要求員工做進一步的思考。

有一個非常有名的故事，據說在豐田汽車公司領導層總是要求員工回答五個「為什麼」。

如果不這樣追問，不這樣嚴格要求員工，那麼員工關注顧客、在工作中發揮想像力的熱情就會減弱。

而且，**這種思考能力的弱化將會妨礙他們創造顧客的能力。**

開拓員工的視野，擴大員工的可能性

此外，現場的工作往往越是執著越容易變得視野狹窄。比如現場的員工容易陷入這種思維模式：

「我們的商品就應該是這樣的」

「購買這種商品的一定是這類顧客」

「這項作業就應該這麼做」

執著於現場的工作是好事，但是從創造顧客的角度來看，這種執著有時卻會成為障礙。

例如，我們在開發 HEATTECH 時，就發生過這樣的事情。

HEATTECH 的開發團隊最初是以提高女性保暖內衣功能為目標開始研發的，因此「我們正在開發內衣」這一意識非常強烈。

但是後來我意識到，他們所開發的 HEATTECH 有可能突破內衣的範疇。

因為仔細看一下就會發現，與其說 HEATTECH 是內衣，倒不如說它看上去更像 T 恤。

它既可以當外套穿，也可以疊穿。意識到這一點之後，我認為 HEATTECH 不應定位為內衣，它是可以與其他衣服搭配混搭穿著的。

把 HEATTECH 當作內衣來開發的開發團隊沒能馬上理解我的意思。內衣是無需注入時尚元素的，但如果作為混搭配件來穿著則必須具備時尚性，缺乏時尚性，就不會被各類群眾所認可。

現場員工對目標執著不懈的追求，卻使他們往往忽略了拓展自己的可能性。

因此，經營者在這種時候**就必須提出尖銳的問題，幫助員工開拓視野**。

絕不能輕易妥協，**如果員工的回答從創造顧客的角度來看尚存在不足的話，必須從嚴要求。這才是經營者的職責**。

結果，以前的女性保暖內衣購買人群僅限於中老年婦女，而新研發出來的 HEATTECH 則受到了男女老少的認可，開創了更大的市場。

經營者的職責就是挖掘員工的潛力，並幫助員工拓展其可能性。

這就要求經營者必須向員工提出尖銳的問題，並對員工從嚴要求。

不做善解人意的上司

有些人對此缺乏正確的認識，由於不想被員工討厭，而扮演著善解人意的上司。

善解人意的上司，聽來雖然悅耳，但是**這樣的上司卻不可能帶領員工展開革新**。

這樣的上司也培養不了部下。因為員工只會按照自己的標準，根據自己方便與否去工作，致使員工無法體驗到真正意義上的成就感和自我成長。

大家必須意識到，善解人意的上司其實是剝奪了部下的成長機會。

善解人意既不可能建設強大的團隊，也無法展開革新。

一個嚴格要求員工的上司必須做到的事

這裡，我希望大家記住一件事。

那就是，**如果你真想對部下嚴格要求並希望他完成某項工作的話，一定不要忘記對他說：「你一定可以做好！」**。

想讓員工幹好工作就必須激發員工本人的工作熱情。為了讓員工充滿幹勁，作為一名上司必須不斷地鼓勵員工。

此外，還有一件事也同樣非常重要。

那就是作為上司必須要有這樣的思想準備：**工作雖然交由部下去做，但是最終承擔全部責任的仍是上司**。

部下最討厭的上司是：只會發號施令，出了事卻不去承擔責任，而是把責任全部推給部下。

有些上司只會提出要求，認為提出要求後自己的任務就完成了，剩下的責任都應由部下承擔。這種上司最令人討厭，部下不會希望跟著這種上司工作，也不會產生上司雖然嚴厲，但卻值得我為他努力的想法。

因此，在與部下相處時，上司必須具備這種胸懷，即：責任全

在上司，功勞全歸部下。

部下常常會細心觀察上司，他們能夠透過日常的言行舉止看清上司的本質。

只有當上司能夠讓部下感覺到「他是真正為我著想才這麼說的」，才能與部下建立起信賴關係。倘若上司和部下之間缺乏信任，那說什麼都是沒有用的。

要想得到部下的信任，除了我們上面講到的這些，還要注意自己在日常工作中的姿態、態度，這些都非常重要。具體內容我們將在第三章《建設團隊的能力 ——經營者是真正的領導者——》中進行詳細的闡述。

第六節
自問自答

不要認為自己做得很好

所謂自問自答就是針對過去所做的事情、市場以及將來想做的事情等向自己提問，比如問自己「真是這樣嗎？」、「我真的做得很好嗎？」等問題，並就這些問題進行認真思考。

這種自問自答的方式能夠使我們發現很多問題，比如，自己現在所做的事與過去相比並沒有什麼本質上的突破，只不過是在原地踏步而已；自己只看到了事物的一面；自己過於拘泥於旁枝末節，卻沒把時間和精力花在更重要更本質的問題上……等等。

如果未能發現這些問題，就有可能是我們的內心被自滿心理所佔據了。

以「自己做得很好」這樣的心理來看待事物，是不會發現任何問題的。

對於經營者而言，最忌諱的就是抱有「自己做得很好」這樣的心理。

為何我要這麼苦口婆心地來跟大家說這些呢？因為有很多人表面上雖然裝得很謙虛，但內心卻總是認為自己做得很好。這類人不僅我們公司有，在社會上也普遍存在。

「公司制定的目標很高。因此能做到百分之八十就已經是很不錯的成績了。而我已經達到了百分之九十。所以我算做得相當不錯的了。」

一個經營者如果產生了上述想法，或是認為「我已經超越了自己制定的標準，從自己的情況來看我已經做得很好了」，那麼經營就會很快走入下坡路，並終將以失敗告終。

經營者必須時刻帶著危機感來經營

經營者在進行經營時需要的是危機感，而不是不安的情緒。

關於不安的情緒，我們已在前面的第二節中進行了詳細的闡

述，這裡我主要想和大家談談危機感。

沒經營過公司的人對經營有一種誤解，認為沒有危機感、一帆風順的狀態是「正常的經營」。

但是，現實卻完全相反。如果因為眼前一切順利就高枕無憂地進行經營，那麼公司轉瞬就會瀕臨破產。

我再重複強調一遍，市場是殘酷無情的。

因此，**我們必須時刻帶著危機感來經營，清醒地意識到自己是行走在懸崖的邊緣上，稍有不慎就會一頭跌入深淵**，這樣的經營才是「正常的經營」。

所謂「抱持危機感」，是指在客觀評價自己的狀態和成績的同時，持續不懈地努力，永不自滿。

具體地說，就是經常問自己一些問題來警惕自己，比如：

「我是不是錯了？」、

「在當前的市場競爭中我們是不是輸了？」、

「照此下去，我是否很難在將來完成自我實現？」、

「雖然現在情況不錯，但如果我們不思進取，公司是否會面臨破產？」等等。

而且，如果產生了這樣的危機感，為了不讓危機感變成現實，你就會迫使自己發現具體問題，並採取具體行動來解決。

站在顧客的立場，以最挑剔的眼光來審視自己

自問自答的訣竅就是「**站在顧客的立場，以最挑剔的眼光來審視自己**」。

如果你是在店鋪裡工作，就應該每天都用這種眼光來審視自己的店鋪；除店鋪之外，其他部門的員工也同樣應該站在顧客的立場以最挑剔的眼光來審視自己的公司、部門以及服務等。不僅如此，我們還必須以自問自答的形式對自己的工作是否符合世界通行的標準進行審視。這是獲得成功所不可或缺的條件。

經營者必須是能夠在應對變化的過程中創造成果的人，因此，如果缺少了這個自問自答的過程，經營者是絕對不可能獲得成功的。

我還沒聽說過有哪個經營者或是哪家公司是不經過自問自答

就能夠長久取得成功的。

　　經營者必須以超出自己想像的嚴格標準來要求自己，必須使之成為自己的習慣。

只有進行自問自答的人，才能產生好的創意

　　這一點與自問自答有關，而且非常重要。因此，最後我才想再多說幾句。

　　是不是只有天才才會擁有「優秀的直覺」、「出色的創意」以及「嶄新的想法」？如果不是天才是否這一切都將與他無緣？

　　我並不這樣認為。

　　據我所知，能夠做到這些的人都是些平時就喜歡進行自問自答的人。

　　人們往往認為出色的直覺和創意是在頭撞到門上的那一瞬間閃現在腦海中的，其實並不是這樣的。

　　直覺和創意湧現之前需要經歷一個非常重要的過程。

　　也就是說，在此之前需要**對許多事情進行思考，與許多人交流，反覆摸索實踐，並認真地進行自問自答。這個過程非常重要。擁有優秀直覺、出色創意的人都經歷過這個過程。**

　　透過自問自答，對很多想法進行提煉並作為自己的財富儲存起來。正因為有了這個過程，在接觸到某種資訊時，之前的累積才會開花結果，以直覺和創意的形式顯現出來。

　　在別人看來，直覺和創意的出現只是一瞬間的事情，看去像是當時的靈光一閃，而實際上，如果不經歷自問自答這一認真積累的過程，「靈光一閃」是不可能發生的。

　　愛迪生有一句名言：

　　「天才就是百分之一的靈感加上百分之九十九的努力。」

　　只有歷盡艱辛勤於思考的人，靈感才會造訪他，並最終產生出色的創意。

　　作為經營者，有時需要引導啟發員工的創意，有時需要自己尋找突破口。要想具備這種能力，經營者就必須養成自問自答的習慣。

第七節
天外有天，不斷學習

要如饑似渴地學習

市場不斷變化，變革永無止境。如果不透過自問自答來不斷反省，公司很快就會被社會所遺棄。

另外，要想永遠跟上社會前進的步伐，我們自身就必須不斷成長。為此，堅持不懈地學習是非常重要的。

大家在學習時要做好兩個重要的心理準備。

一個是「**人外有人，天外有天**」，

另一個是「**這個世上沒有什麼事情是從未發生過的**」。

首先我們要具有「無論在生產方面還是市場方面，我們的經營都不會輸給全世界真正優秀的公司」這一意識。

並每天帶著這種意識，進行這樣的思考：「是不是有比我們現行的更好的方法？」、「我們能否從什麼地方獲得某種啟示以使現在的工作獲得飛躍性的成功？」。

而且，光思考是不夠的，要知道我們要做的事情一定還有別的公司的人在做，因此我們應該與那些人交談，或者讀他們寫的書，並實際去看、去體驗，這是非常重要的。

這樣一來，我們就能弄清他們是怎麼想的、怎麼做的。這對我們的工作將具有很重要的參考價值。

所以，在看書時，比起學者寫的書，我更偏愛經營者基於自己的實際經營活動而寫成的書。這類書中關於行動以及思維方式等的闡述，對我們而言是一種模擬體驗，我們應該盡可能多地獲取。

此外，除了書籍之外，如果還想直接與經營者本人對話，就不要總是為「沒有聯繫的管道」或「這種問題即使我向人家請教，人家是不是也不會告訴我」等種種擔心而猶豫，不要覺得不好意思。那些擔心只不過是個藉口而已，如果不能把想法付諸行動，只能說

明你的危機感和對成長的渴望還不夠強烈。

如果你真的渴望成長，你只管大膽地給他打電話，去向他請教就好了。

這種時候，如果你跟對方說，「我們是這麼想，這麼做的。貴公司是怎麼做的呢？我們可以相互交換資訊嗎？」，對方一定會願意與我們探討的。

對於經營者而言，只有能夠學以致用，學習才是有意義的

下面我想和大家談談學習方法。

對經營者而言，真正有意義的學習是運用學到的知識和資訊，

「結合自身情況進行思考」，

並且要**「勇於嘗試」**。

如果做不到這兩點，學習就失去了意義。

大家是為了成為經營者，成為一個能夠獲得成果的經營者而學習的。所以，單純地為學習而學習，或是像學者一樣為積累知識而學習，對大家而言都是沒有意義的。

學習如果不與實踐相結合就沒有意義，同時，在實踐的過程中也要不斷學習，經營者的學習必須形成良性循環，否則學習就是沒有意義的。

要想學以致用，就必須把學到的知識真正變成自己的東西。

有些人看書時只是發出「原來還有這種想法！」、「這想法也不錯呀！」等感慨後就把書合上了，這種閱讀方式是不可取的。

我們應該**以與書對話的方式進行閱讀**，例如可以經常向自己提一些這樣的問題：

「這裡所寫的內容，如果是我會怎麼考慮？」、

「我們公司符合哪種情況呢？」、「在我們公司可以怎麼去做呢？」等等。

這種方法不僅適用於讀書，還適用於聽課、聽別人講話、參觀等所有場合。

此外，在結合自身情況對書中內容進行思考後，不要忘記要將想法付諸實踐，這是至關重要的。在實踐結束後，還需用嚴格的標

準對我們自己的實踐結果進行評價，審視自己是做得很好，還是沒做好。如果認為自己沒有做好，就應該探究原因並再次付諸實踐，就這樣反覆實踐直到自己能做好為止。對於實踐家而言，這是唯一正確的學習方法。

提高自身能力，獲取真正有價值的資訊

這是關於學習我要講的最後一點。

經營者要想獲得成果，重要的一點就是要學會不斷提高「資訊品質」。資訊都是由人帶來的，所以學會如何與真正傑出的人才交換資訊就變得非常重要。**在這個世界上，各行各業中掌握著真正有價值資訊的真正的傑出人才並不多，可謂屈指可數。**

例如，真正優秀的跑車設計師在全世界都不多。同樣，在生產技術、MD、資訊系統或是人事管理等方面，真正優秀的人才也並不算多。

但只有這種人，才真正擁有最尖端的資訊。

因此，我們在工作的同時，必須認真思考如何才能盡快找到這類人才。

而且**最重要的是我們必須在平時就不斷給自己充電，提高自身的能力。因為只有這樣，當我們面對這類人才時，才會有能力與他們進行對話。**

如果自己提供給對方的信息量過少，就不可能進行真正意義上的對話。至於一個傑出的經營者是否願意抽出寶貴的時間與我們進行實質性的交談這一問題，顯而易見，如果坐在他對面的我們是一個言之無物的人，那麼，最好還是不要對此存有幻想。

因此，**為了能夠向對方提供足夠的資訊，為了能夠在對方詢問我們時提出建設性的意見，我們必須在平時多學習，多積累。**

也就是說，自身能力的提高是我們獲取真正有價值資訊的必要條件。

要想提高自身能力，必須要做的一件事就是如饑似渴地學習，透過不懈的努力開闊眼界、增長見識，以使自己具備與傑出的經營者進行對話的能力。

我從年輕時就養成了每天看書、看業界雜誌,與各類人面對面進行交流的習慣,並且這一習慣已經持續了三十多年了。

　　因此,對於本行業的資訊以及日本、美國、歐洲、中國等國家專賣店、百貨店、量販店的經營狀況,我恐怕比任何人都了解。

　　以上所講的雖然都是些最基本的事,但卻非常重要。如果能夠堅持五年,你一定獲益匪淺。那時,當你面對這個世界上的傑出經營者時,你就已經能夠與他進行實質性地交談了。

　　另一件必須要做的事就是努力工作並竭盡全力提高業績。我年輕的時候,就非常嚮往與真正傑出的經營者進行交流,但是由於那時的我並不被對方所看重,所以很難獲得這樣的機會,即便有機會,也還是難免被他們所輕視,最終難以進行真正意義上的交流。

　　但是,當我作出成績後,情況就不同了。他們開始願意傾聽我說話並對我的觀點表示贊同,甚至開始願意告訴我他們的真實想法了。

　　所以,你**必須先成為一個讓對方認可、被對方看重的人。只有做到了這一點,你才能打開和傑出經營者交往的局面**。同時,與經營者的交流一定會令你獲益匪淺,這樣就形成了一個良性循環。

第一章　自我訓練

訓練 1

請針對此章節中，各種經營者養成所必備的項目，進行自我評價。

以半年一次的頻度，定期自我評價，進行經營者養成的自我成長管理。

（下表為 3 年份）

	變革的能力	年 月	年 月	年 月	年 月	年 月	年 月
1	抱持高目標						
2	質疑常識。不受常識束縛						
3	樹立高標準，不妥協不放棄， 堅持追求						
4	不畏風險，勇於嘗試，敢於失敗						
5	嚴格要求／詢問本質問題						
6	自問自答						
7	天外有天，不斷學習						

自我評價：

〇＝有達到本書所載的水準

✕＝未達到本書所載的水準

訓練 2

舉出做得最好及做得最不好的項目，並寫下依據。

以半年一次的頻度，定期自我分析，進行經營者養成的自我成長管理。

（下表為 3 年份）

		做得最好	做得最不好
年 月	項目		
	依據		
年 月	項目		
	依據		
年 月	項目		
	依據		
年 月	項目		
	依據		
年 月	項目		
	依據		
年 月	項目		
	依據		

第二章

獲利能力

經營者是生意人

第一節
由衷希望顧客高興

所有工作必須徹底遵循「一切以顧客為中心」的原則

經營的基礎就是「一切以顧客為中心」。

這些話我們平時經常聽到，但是我希望大家對此不要僅僅停留在字面上的理解。因為，如果不能深入理解這些話的含義，那麼，即使接觸到了這些話，在回到工作崗位後，也會瞬間就將它們忘得一乾二淨，依舊根據自己方便與否去經營。

這絕不是用華麗詞藻堆砌而成的供大家輕鬆喊幾句的口號，我**們必須在所有經營環節徹底執行。**

所謂徹底是指必須由始至終認真執行，因此，在商品的企劃階段，我們就應該抱著贏得「顧客滿意的笑容」這一願望進行，並且為了贏得「顧客滿意的笑容」，始終不做任何妥協。店鋪也同樣要為贏得「顧客滿意的笑容」而不懈努力，力爭創造最好的購物環境。

「一切以顧客為中心」就是要將這種工作態度貫徹到各個部門、各個崗位。

當被問到「公司到底是誰的？」這一問題時，正確的回答應該是「公司在本質上是為顧客而存在的」。

MBA 的教科書中寫的也許是「（公司）是為股東而存在的」，這是本末倒置。

此外，「（公司）是為員工而存在的」這種看法也同樣是本末倒置。

公司是依靠顧客所支付的錢款而維持的。面對顧客，「為了我們公司股東的幸福，請您購買我們的服裝吧」，「為了我們公司員工的幸福，請您在我們這裡購買服裝吧」之類的話你能說得出口嗎？誰都知道這實在太可笑了。

必須一心一意地為顧客著想。只有堅持一切以顧客為中心所獲得的碩果，最終也將讓我們的股東和員工幸福。

做生意就如同每天接受顧客投票一樣，顧客不會把票投給不為

他們著想的企業。

迅銷被譽為快速成長又特別的公司，其實我們並非有什麼特別之處，能夠獲得今天的發展完全是因為我們心無旁騖地認真貫徹了一切以顧客為中心的理念。

三個要點可讓我們贏得顧客滿意的笑容

要想讓顧客滿意，就必須注意以下三個要點。

第一個要點是「**必須讓顧客感到驚喜**」。

怎樣才能讓顧客感動，發出「這是我還從未體驗過的，太棒了！」、「居然可以這麼貼心周到！」之類的讚嘆呢？對此，我們必須時刻結合自身的職務及所處的工作崗位進行認真的思考。

真正意義上的「顧客滿意」是指：

以超出顧客想像的形式將顧客需要的東西提供給顧客。

如果我們提供給顧客的商品，僅能讓人產生一種「原來不過如此！」、「這種商品別的店也有」之類感覺的話，那就不可能給顧客留下任何印象。

只有當我們能夠讓顧客產生「居然可以這樣，真了不起！」之類的讚嘆時，他們才會成為我們的粉絲。

下面要講的第二個要點對於贏得顧客支持是十分重要的。那就是要養成這樣的思考習慣：「**顧客的需求非常重要，我們必須以高於顧客所期待的水準來滿足顧客的需求！**」。

大家都知道，我們經營理念的第一條就是「滿足顧客需求並創造顧客」。

要想滿足顧客的需求，我們就必須努力弄清「顧客到底在想什麼？」、「顧客現在的心情是怎樣的？」。

為此，我們必須認真傾聽顧客的心聲。這裡所說的顧客的心聲不僅指在店鋪裡聽到的顧客的意見、需求，還包括從資料中讀取到的顧客的心聲。如果不傾聽顧客的心聲，就無法滿足顧客的要求。

在了解顧客的心聲之後，接下來要做的事很難，但卻非常重要。

對於客人的心聲如果我們只是囫圇吞棗地理解，尚未達成深刻的認識就照樣提供給顧客，那必定會出現我們所不希望看到的結果。

那就是，雖然依照顧客的心聲提供商品和服務，但是顧客卻不會如我們所希望地一樣支持我們。

　　為何會出現這種情況呢？

　　這是由於顧客所追求的是他們尚未見過的商品或尚未體驗過的服務。這才是顧客的真正心聲。

　　如果能讓顧客直接、明確地說出他們的需求當然最好，但是由於顧客所追求的是他們尚未見過的、尚未體驗過的東西，所以要讓他們具體地說出「（我想要的）就是這樣的」，那是不可能的。

　　假使他們能夠用語言來表述「這種東西」，甚至能夠拿出具體物品來向我們說明他們的需求，那麼，顧客既然能將具體物品擺在我們面前，就說明這個世界上已經存在「這種東西」了。在這種情況下，即便我們將其提供給顧客，他們也不會因此而感動，當然，我們也不可能從顧客那裡獲得我們所想像的支持。

　　顧客能夠告訴我們的僅僅是問題和需求。

　　作為專業人士，我們必須根據顧客所反映的問題和需求，充分發揮想像力和創造力，以超出顧客期待的水準將顧客的需求化作現實。只有這樣，我們才能創造出顧客真正需要的附加價值。

　　這不僅適用於以商品等形式提供的有形服務，也同樣適用於接待顧客等無形服務。只有當我們能夠讓顧客享受到超出他們所期待的貼心周到服務時，我們的服務才能夠留存於顧客記憶中並令顧客感動。

　　理論研究和分析是必不可少的。但同時，這種近似藝術感覺的研究也非常重要。可以說，如果不這樣，我們就無法為顧客提供超出他們所期待的商品和服務。

　　要想具備這種感覺，就必須在平時進行刻苦鑽研，多學習、多和人交流、多看、多體驗，並進行自問自答。

　　此外，最重要的是要有一顆以顧客為重的心，時時刻刻都優先考慮顧客的需求，並從心底裡希望看到顧客滿意的笑臉。

　　第三個要點是要隨時謹記：

　　「作為商品和服務的提供者，我們必須生產出自己真正認為優

質的商品並創造自己真正認為優良的店鋪」。

　　當然，這絕不是說要大家無視顧客的需求，按我們自己的意願隨意進行生產，希望大家不要對此產生誤解。

　　第三個要點是以前兩個要點為前提的，在前兩個要點的基礎之上，我們還需要時常對自己的工作進行審視，用以下的標準來衡量自己的工作：

　　「如果我是顧客，這樣的衣服我真想擁有很多件嗎？」

　　「這樣的衣服我真的希望朋友、家人等自己所愛的人穿用嗎？」

　　「如果我是顧客，我真希望每天都來這樣的店鋪逛逛嗎？」

　　「自己所在的這家店鋪真的能使自己在家人和孩子面前為之驕傲、感到自豪嗎？」等等。

　　如果達不到這樣的標準，我們就很難真心地銷售，真心地希望顧客購買，真心地希望顧客來店選購。

　　而顧客是很敏感的。如果銷售人員並沒有將以上種種執著的意願傾注於商品或是店鋪之上，他們一眼就可以看穿。他們是不會為這樣的商品或店鋪而掏腰包的。

顧客可以洞察一切

　　從 UNIQLO 以往的熱賣商品中，我們可以發現兩個共同點。

　　一個共同點是「熱賣商品都是些前所未有的新商品」，雖然有些是以前就有的商品，但也都是些價錢昂貴，一般人以前難以擁有的商品。不曾擁有的商品其實也就等同於前所未有的商品。

　　另一個共同點是「熱賣商品都是些商家充滿信心銷售的商品」。

　　即能夠讓商家充滿自信地向顧客承諾：「這是好東西，絕對值得一買。」的商品。

　　兼具本節中所講的特徵的商品都是非常暢銷的。

　　如果真心為顧客著想，真心希望顧客滿意的話，那麼，本節中所講到的種種努力就是必不可少的。而且只要我們付出了真心的努力，就一定會被顧客所感知並得到顧客認可。

　　顧客的眼睛是雪亮的。

第二節
日復一日，完成好必做工作

腳踏實地地做好每一項工作

有些人由於對經營缺乏了解，常常產生一種錯覺，把獲利能力理解為只要做出一些不同凡響的事或是找到某種特殊的方法就能取得成功。其實完全不是那麼回事。

所謂經營就是每天認真完成理所當然的工作，並對所完成的工作進行檢查，進而思考接下來應採取的方法並修改計畫。可以說經營正是這一過程的周而復始。

真正的獲利能力關鍵在於能否腳踏實地做好理所當然的工作。

使用激烈手段舉辦活動，即便能夠招攬顧客，也難以維持長久。

在遭遇金融海嘯之後，美國一家被譽為「全美三大汽車製造商」之一的汽車公司獲得了重生。此前很長一段時間他們一直重複著脫離經營本質的錯誤。例如，為了粉飾報告中的數值，一旦營業額低迷就採取並不能從根本上解決問題的裁員方式來削減成本，或者不經深思熟慮就推出諸如「現在購買可節省三千美金」等激烈手段進行促銷。採用這種促銷方式，在活動結束後顧客就不會再來了，於是營業額又開始出現下滑。業績一旦下滑就又推出激烈的促銷方案。這種經營方式的惡性循環是不可能賺到錢的。

對於經營而言，最重要的就是珍惜每一天、每一位顧客。並且，每天致力於減少浪費，堅持不懈地對經營的每一個環節進行改善。這些工作看似平凡，但是，只有能夠腳踏實地、堅持不懈地做好每一項平凡的工作，公司才有可能不斷成長壯大。

未來存在於每天充實的工作中

尤其像我們這樣的零售業是每天都要進行經營的。從店鋪大門打開的那一瞬間開始，「每天」的經營就開始了。**珍惜每一天，珍惜每一位眼前的顧客，這既是我們經營的基礎，也是我們經營的全部。**如果做不到這一點，我們將逐漸失去顧客的支持，當然，未來

也就無從談起。

一兆日圓、五兆日圓的營業額目標，成為世界第一的服飾製造零售集團的夢想，能否實現完全取決於我們是否能夠把握好當下的每一天，把握好眼前的每一位顧客。否則一切都不過是癡人說夢而已。

世界上很多人對此都存有誤解，認為理想和夢想有別於日常的工作，想實現理想，就必須做出不同於日常工作的特殊成績。

但是，理想和日常工作並非毫不相干，二者是緊密相連的。

未來存在於每天充實的工作中，而認真解決眼前的每個問題也正是我們通往理想之路。

我們就好像每天都在接受顧客投票，顧客投票的結果就是我們的營業額。當營業額沒能按計畫達成目標時，我們應該意識到這是顧客在透過投票的方式表達他們對我們工作的不滿。

一旦出現顧客對我們不滿的情況，我們必須認真對待並設法盡快改變現狀，否則顧客就會漸漸遠離我們。因為你不可能對顧客說：「對不起，請等我們半年，到時我們一定會把工作做好。」，這樣進行經營，公司不可能有未來，也不可能實現夢想。

並非能力問題，而是習慣的問題

大家每天的工作都做得怎麼樣？你是否每天都能認真對待自己理所當然的工作？大家的工作崗位情況怎麼樣？出了問題是否能夠立即解決？例如，在店鋪裡以下的這些工作是必須要做好的。大家所在的店鋪是否每天都做得很好？

- 徹底進行清掃，使店鋪在任何時候都保持乾淨整潔、令人神清氣爽的狀態。保持倉庫的整潔，創造便於找到商品，易於工作的環境。
- 商品陳列整齊美觀，便於顧客選購。一旦亂了就馬上進行整理。
- 想辦法使價格標籤便於顧客查看，並注意不要標錯價格。
- 實施精準的庫存管理，確保不發生缺貨現象。實施出貨。貨架上陳列暢銷商品，去除滯銷商品。並為確保這種商品陳列

的順利實施，而建立有效系統。

- 使店員能夠以精神飽滿的狀態、開朗樂觀的態度接待顧客。如果有店員做不到就要馬上進行指導。
- 妥善處理顧客投訴，並將投訴內容告知員工，大家共同致力於問題的解決以防止問題再次發生。此外，還要將投訴情況及發現的其他問題反映給總部。
- 每天都像偏執狂一樣地關注營業結果，自己發現問題，並逐一解決。

為了完成企劃、計畫，最終實現盈利，我們必須注重以上種種細節，腳踏實地做好理所當然的工作，並遵照各項工作的原理原則認真做好每天的工作，出現問題就立刻解決，並不斷累積經驗。這一點非常重要，不可或缺。

能否做到這一點並非能力問題，而是習慣的問題。所以，任何人都可以做好。重要的是要有意識地錘鍊自己，直至使之成為一種習慣。

此外，**如果上級不能帶頭做好理所當然的工作，部下就不可能自己的工作。**所以，作為管理者應該意識到，現場工作做得不好，並非部下的問題，而是身為上司的自己的問題。

不起眼的工作中蘊藏著獲利之道

舉這個例子也許對事例中的主人公不敬，但是確有其事。

此人現在已經成為經營幹部並引領著公司的發展，但是在他剛進公司時，對自己被派去清掃廁所一事特別不滿。

他的理由是：「我是以優異成績從大學畢業的，公司為何安排我做這種工作？我是為了將來成為優秀的經營者才進入這個公司的，不是為打掃廁所而來的。」

聽了這番話，我對他進行了嚴厲批評。

記得我是這樣對他說的：「不能珍視眼前每一位顧客的人算什麼經營者？這種人是不可能令世人滿意的」。

我想，正是因為他後來牢牢記住並深刻領會了我所說的這番話，如今才當上了經營幹部。

要想真正賺到錢就必須勤懇工作，絕不輕視不起眼的工作。

珍惜眼前的每一位顧客，重視每一天的累積。

堅持不懈地努力，不懈怠，不偷懶。這是非常重要的。

商人的這種對不起眼工作的重視是立志成為經營者的人所必須具備的。因為其中蘊藏著獲利之道。

如果我們進行經營卻沒有賺到錢，那一定是在這一點上出了問題。我這麼說並非言過其實。

第三節
迅速實行

速度變得越來越重要

迅銷集團的英文名稱「FAST RETAILING」直譯過來就是「快速零售業」。我們是將「迅速抓住顧客需求，迅速實現商品化並迅速將商品提供給顧客」這一行動準則在公司名稱上呈現了出來。

公司採用這個名稱是在 1991 年。和那個時代相比，現在這個時代的變化速度又加快了很多。以前有十年如隔世這個詞，現在是三年如隔世，或者說已進入了一年如隔世的時代了。

例如，同樣是爭取五千萬用戶，收音機用了三十八年，電視機用了十三年，網路用了四年，蘋果公司推出的 iPod 用了三年，而 Facebook 卻僅用了兩年。

Facebook 是 2006 年 9 月正式問世的，但是目前它的註冊用戶已經超過了七億（截至 2011 年 5 月）。如果換算成人口，相當於僅次於中國和印度的世界第三人口大國。

從以上的例子我們不難看出，時代變化的速度以及事物、資訊擴展的速度，已是今非昔比了。

因此，**速度對於經營也越來越重要了。**

這對於經營者而言是一個巨大的機會。如果我們能以比其他任何公司都快的速度，提供全世界公認的真正優質商品的話，我們就能以前所未有的速度開創並引領巨大的市場。

當機立斷、立刻實行

速度這個詞有兩層含義，一層意思是「迅速搶佔先機」，另一層意思是「快速完成工作」。

正如我在前面已經講過的，這個社會在變化、顧客的需求在變化，各種情況無時無刻都在發生變化，並且還將不斷變化下去。經營者必須具有希望比任何人都更迅速地把握這些變化的意願，也必須比任何人都更迅速地把握住這些變化。

如果我們**應對遲緩，就會給公司帶來致命性的打擊。為此，我們必須時刻帶著危機感來密切關注事物的發展變化。**

關注度不夠也將導致失敗。關注度不夠就會使我們不能及時意識到變化的發生，而當我們意識到的時候，卻往往已經來不及應對，最終導致經營的失敗。

如果我們先別人一步注意到了變化的發生，就應搶先採取行動。也就是說要**不怕失誤，當機立斷、立刻實行。**進行經營的並不止我們一家，也許別的公司也在醞釀著相同的創意。無論多好的創意，如果不能搶在別人前面付諸行動，對於顧客而言，就失去了新意和衝擊力。

錯過了時機，那麼我們辛辛苦苦才想出來的創意就如同廢紙。儘管我們也注意到了市場的變化，但卻很有可能因為錯失良機而失去了盈利的機會。

因此，「當機立斷，立刻實行」非常重要。

警惕「報告文化」

有一種不良現象是與「當機立斷，立刻實行」這一原則背道而馳的，那就是「報告文化」。經營者必須警惕這一現象。「報告文化」的主要表現就是，報告比行動多，每次會議報告資料都堆積如山。相關人員為了製作這些資料一定花費了不少的時間。出現這種情況就表示我們的執行力下降了，一定要提醒大家警惕。

正如在本章別的章節中所敘述的那樣，計畫和準備非常重要，但是有的人卻對此存有誤解，他們將寫計畫當作一種興趣愛好。而且以做計畫為驕傲，因自己寫出了一個好計畫而沾沾自喜，之後就將計畫束之高閣，不了了之。如果公司對此放任不管，這種人還會繼續增加，進而逐步形成一種「報告文化」。

無法迅速應對市場變化的公司，大多是形成了「報告文化」的公司。

計畫和準備雖然都很重要，但**理想的時間分配比例應該是行動占九分，計畫占一分。**

將時間分配為行動占一分，計畫占九分的人或許沒有，但是按

三七開、四六開來分配的人應該不在少數。

一旦發現了這種文化，經營者應盡力消滅它。並貫徹「當機立斷、立刻實行」的原則。否則，公司將會被變化的大潮所吞沒。

馬上做、必須做、直到做好

我從日本電產株式會社＊社長永守重信先生那裡學到了「馬上做、必須做、直到做好」這一原則對於經營的重要性，獲益匪淺。從迅銷來看，**當我們不能如願獲得成果時，只要觀察一下公司就會發現，一定是迅銷那個時期在「馬上做、必須做、直到做好」這方面做得不夠好。**

光想不動。下決心行動，卻不能堅持到最後，半途而廢。這簡直就是在浪費時間。

解決問題也同樣要遵循這一原則。例如，我們店鋪的工作出現了問題，顧客也給我們指出來了。可是，如果顧客下週再來時發現這個問題依然存在，那他會怎麼想呢？

顧客可能會感到震驚，同時還會失望地想「這是什麼店！」，我們將因此而失去這位顧客。而這位失望的顧客回去後，也許還會跟許多人講起我們店的事。

有些顧客雖然嘴上不說，但卻注意到了同樣的問題，他們也將因此而不再光顧我們的店鋪。而且這些顧客同樣會把我們店鋪裡發生的事告訴給他周圍的許多人。

失去一個顧客也就意味著我們失去了幾十、幾百、幾千個顧客。如果沒有迅速解決問題的行動力，就會引發這樣的問題。

能夠充分利用時間的人才能取得成功

將小鎮工廠發展為世界知名汽車企業的本田技研工業創始人——本田宗一郎先生也是一位非常重視速度的經營者。關於時間，他留下了一段意義深遠的話，他是這樣說的：

「上帝是不公平的，人生而有別。有的人出生在富裕家庭，有的人出生在貧窮家庭；有的人健康、有的人虛弱；有的人漂亮、有的人與美貌無緣……，所有這些都不是他們本人能夠決定的。

只有在時間上，人與人是沒有差別的。任何人一天都只被賦予了二十四個小時。反過來說，時間是人只有在出生時才能免費得到的，這之後無論花多少錢都買不到。

　　因此，**只有善於利用寶貴時間的人才能成為成功的人。**

　　既然被賦予的時間是相等的，如何贏得時間就成為成敗的關鍵。

　　別的公司花三天才能做的事，有的公司花一天時間就做成了，那麼贏得了時間的公司就是贏家。

　　越是早於其他公司實施新方案，就越有可能比其他公司更快地對市場做出應對。無論做任何事，迅速都是很重要的」。

　　創意、解決問題也同樣要當機立斷、立刻實行。

　　經營者如果忘記了這一點，就無法應對變化，就會使公司的經營陷入絕境。

　　相反，能夠充分利用時間的經營者則能夠將變化轉化為機會。

* 日本電產株式會社

　　生產和銷售精密小型轎車、普通轎車、機械裝置、電子・光學零件及其他產品。總公司設在京都，1973 年由永守重信創立，1998年在東京證券交易所市場第一部上市，2001 年在紐約證券交易所上市。

第四節
現場、實物、現實

經營不能紙上談兵

迅銷有很多員工在進入迅銷之前就已經在別的公司工作過並累積了一定的工作經驗，對於這些人，特別是他們當中有志成為經營者的人，我想給他們提個醒，那就是經營不能紙上談兵。

有的人以為自己懂了就只在腦中空想著經營，這樣做不僅提高了誤判的風險，而且也使周圍的同事不願與他共事。

過去有句話叫做「在賣場一定能找到答案」，意思就是各項工作如果不置身於現場、實物、現實等實際情況中，不依據親身的感受進行經營，就會脫離根本。所謂脫離根本是指辜負顧客的期待，失去同事的信任。結果必將使經營逐漸陷入僵局。

例如，有些人認為 MD 的工作只要與設計師做好企劃，並製造出能讓自己滿意的服裝就一切完事大吉了。與服裝的銷售業績相比，他們更加在意的是能否做出讓自己滿意的服裝。在服裝界，很多 MD 都是帶著這種想法工作的，但是，這種人並不是優秀的 MD。

一個好的 MD 在工作中應該做到：以商品為起點，同時還要關注向交易夥伴訂貨，商品實際進入店鋪開始銷售，直至銷售到庫存為零等所有環節。這裡所說的關注並不是在一旁觀察，而是與同事、部下甚至與營業部門及其他部門的人一起，真正介入到經營活動的各個環節之中。有不懂的地方就向人虛心請教，面對真實的商品，親臨現場與同事並肩努力直至商品售罄。

能夠像這樣重視現場、實物、現實並付諸行動的人才是優秀的 MD，也只有這樣的人才能培養出優秀的 MD。

而且，**只有像這樣在現場、實物、現實中工作，並親自介入整個經營過程的人，在創造成果時才能體會到更多的喜悅和成就感，才更能從工作中獲得快樂。**

工作絕不僅僅是下達指示

在 UNIQLO 剛開始挑戰刷毛產品時，我們希望以一千九百九十日圓的低價格生產出高品質的刷毛產品，但這在當時確實非常難，最終生產出的都是些質地粗糙的產品。

當我就此事詢問負責人時，得到的答覆是：「我曾在電話中多次向中國的工廠下達指示」。

於是，我對他進行了嚴厲地批評：「光打電話下達指示怎麼行！中國的工廠是我們的合作夥伴，只有你親自到現場，實際面對產品，和他們一起努力，才能解決問題。」

他們到中國的工廠後才明白，原來當時工廠的工人都抱著這樣的想法：「我們已經很認真在做了。你們為何還要發出那樣的指示？」。因為產生了這種抵制情緒，所以無論接到多少次電話下達的指示，工人們都左耳進右耳出，並沒有落實到工作中。

很多人都錯誤地認為：只要下達了指示別人就會按指示去做，下達了指示後自己的工作就結束了，自己該做的事就做完了。其實，如果自己下達的指示對方並沒有執行的話，那就等同於自己什麼工作都沒做。

刷毛產品的例子告訴我們，**越是複雜的問題，越要本著現場、實物、現實的原則去面對，否則問題就不可能真正得到解決。**

親臨現場工作的好處

如果你想成為經營者卻又苦於不知如何經營，那麼你就應該到現場去看看。特別是賣場，那裡往往有你需要的答案，所以深入賣場不失為一個好方法。

只要你到了店鋪，顧客自然會把問題告訴你。比如，他們會問：

「這種商品沒有這個尺碼嗎？」

「為何沒有這樣的商品呢？」等等。

顧客會告訴我們很多重要資訊。如果我們能夠認真傾聽，而不是視之為過眼雲煙的話，我們就一定會有很多發現，比如，自己做得不夠好的地方、欠缺的地方，甚至潛在的商機等等。所有這些都是我們求之不得的。

而且，我們還能了解到是什麼樣的顧客在購買我們的商品。身處賣場，你就會發現 UNIQLO 的顧客都是些素質很高的人。

　　他們不僅非常了解服裝，而且對服飾穿著還有所研究。如果我們不了解這些情況，就很容易武斷地認為 UNIQLO 的顧客大多不講究穿著，品味不高，並以專家自居，以居高臨下的態度看待顧客。這終將導致我們所不希望看到的結果。

　　有些人僅憑帳簿上的數值就下達並無實際根據的指示，這樣做本意雖然是好的，但結果卻往往事與願違，反而會使現場的情況更糟，甚至造成混亂，最終導致公司利潤受損。

　　不能僅根據看到的數值，就坐在辦公桌前下達「為何做不到？」、「為何不按我的指示來做？」、「趕快行動！」等指示，工作不是這樣做的。

　　如果問題沒能解決，一定是在某個環節上出了毛病，這時，必須本著現場、實物、現實的原則進行確認，如果不能與相關人員一起共同努力的話，問題就不可能真正得到解決。

　　例如，當店鋪裡商品的陳列量不足時，如果只依據帳簿的數值，就會對現場的人發火並再三下達命令：「再多進些貨！」。這樣做其實跟沒做一樣，只會增加現場人員的疲憊感而已，甚至帶來更糟糕的結果。

　　這時，就需要自己透過現場、實物、現實進行確認。也許實際情況並不是你居高臨下所認為的現場消極怠工，倉庫其實已經貨滿為患了。

　　出現這種情況時，就要與店鋪員工一起共同思考如何做才能使店鋪達到理想的狀態，並致力於問題的解決。

　　例如，或許可以把暫時無需在店鋪陳列的商品轉移到別的倉庫，又或許應該增加倉庫的人時。根據具體情況，每件事的解決方法都是不同的，但是只要本著現場、實物、現實的原則進行確認，就一定能夠找到實際有效的解決問題的方法，使店鋪達到理想的狀態。

　　以上的例子雖然只是一個假設，但是如果真遇到這種數值呈現異常，問題又遲遲得不到解決的情況，那就**不能總是坐在辦公桌前思考「為何會出現這樣的問題呢？」，而要親臨現場，親自對實物、**

現實進行確認，或者親自參與操作，採用這種方法，多數情況下很快就能找到問題的根源所在。

而且，如果能夠堅持採用這種方法解決問題，並累積了足夠的經驗，這時，再看數值，我們就會產生某種直覺，憑藉直覺我們可大致猜測出「大概是這個環節出問題了」，同時，我們還會產生很多有助於解決問題的靈感、創意。相反，如果我們不採用這種方法解決問題，那麼，所謂的靈感、創意將永遠只是紙上談兵，始終無法與實際的經營掛上鉤。

「現場、實物、現實」是我們必須遵循的原則，只有立足於實際情況進行經營，才能成為強大的公司。

第五節
集中解決問題

捨棄的勇氣，集中解決問題所需的自信

　　一旦認定的事，就要集中所有經營資源去做。作為經營者，想在經營上獲得成功，這一點非常重要。

　　最理想的經營是僅憑藉某一種商品就能獲得極高的銷售業績。

　　這是最高效，也是最獲利的方式。

　　正如我在前面的〈迅速實行〉一節中已經講過的，當今世界的瞬息萬變使這個世界變小了。只要能生產出全世界公認的好產品，我們就能以前所未有的速度引領市場。這樣的機會，已經越來越多地展現在我們面前。

　　典型的成功案例之一就是蘋果公司。

　　市場諮詢機構明略行（Millward Brown）公佈的資料顯示，蘋果公司在 2011 年的全球品牌價值排行榜中位居榜首，可是即便要將 iPod、iPad 等蘋果公司的主力產品全都擺出來，一張小桌子也足夠用了。

　　可見，蘋果公司正是將所有經營資源集中於他們自信能夠暢銷的商品上，並透過這些商品的熱銷而大獲成功的。

　　此外，他們還在商品的設計和功能上極力追求簡潔的風格。

　　那麼，他們的商品是否顯得有些單調乏味呢？恰恰相反，可以說他們是將簡潔做到了極致。出色的設計和無以倫比的使用體驗最終使他們的商品風靡全球。

　　迅銷希望在服裝領域實現的目標，在數位和行動電腦領域中已經實現，我們從中可以學習、借鑒很多東西。

　　我在《富比世》雜誌中看過這一篇文章，文章中說馬克・帕克在剛就任 NIKE 公司 CEO 一職時曾向蘋果公司的創始人賈伯斯取經，當時賈伯斯是這樣回答的：

　　「NIKE 公司有幾件商品是任何人都想擁有的全世界最好的商

品。但是，也有很多並不出色的商品。應該捨棄這些平庸的商品，將經營的重點集中在最好的商品上。」

據說帕克聽後靜靜地微笑，而賈伯斯則表情嚴肅，並沒有笑。

與集中相比，很多人更傾向於選擇分散。他們雖然明白集中的重要性，但同時又擔心將經營資源集中在一種商品上之後，該商品卻出現滯銷的情況發生，出於這種考慮他們最終往往選擇分散。之所以做出這種選擇是由於他們對要集中經營的商品缺乏自信。

因為缺乏自信，所以選擇分散。

但是，**顧客是不容小覷的。他們擁有很強的洞察能力，能夠分辨出哪種商品是商家缺乏自信的商品**。對於商家缺乏自信的商品，顧客不僅心知肚明，而且絕不會購買。

最終，分散經營資源生產多種商品，結果只會給公司造成損失，而且因為效率低下還會抬高成本，不僅賺不到錢，甚至會使企業大傷元氣。反倒有可能造成經營的惡性循環。

因此，我們應該集中力量生產令我們自信的、最高標準的產品，同時捨棄那些不盡如人意的商品。另外，對於那些我們認定的至關重要的產品，還需集中投入更多的經營資源，使之成為其他公司所無法超越的產品，並不斷改進直至我們的產品能夠令顧客發出「完美得令人難以置信！」的讚歎。

以上這些經營理念，其他經營者似乎也能想到，但卻做不到。

因此，機會只屬於願意付諸實踐的經營者。

問問自己假如不去做將會怎樣

真正必須集中力量去做的事情是什麼？這段時間內絕對要做的事情是什麼？如何才能從眾多的事情中篩選出為了生存和發展自己必須做的事呢？

這裡面有一個訣竅。

那就是**試著自問自答：「如果不做這件事會怎樣？」**。

對於那些即使不做，從整體來看也並非什麼大問題的事，還是不要浪費時間去做的好。

但是，那些**如果不做就會給公司造成致命打擊的事，如果不做**

就絕對會輸給競爭對手的事，如果不做就有可能使公司失去飛躍發展的機會的事，是必須要去做的。不要分散精力去做太多的事，只要集中力量做好這些至關重要的事就可以了。

這樣的大事必須集中所有資源竭盡全力去做，否則就無法取得真正的成就。如果以對小事所投入的資源和精力去做大事，結果必將一事無成。

人的能力和時間都是有限的，尤其是時間更是如此。如果真想取得巨大的成績，就必須像上面所說的那樣把握好工作的先後順序，否則就只是一味地瞎忙，卻得不到預期的成果。

工作並不是優先做容易做的和自己擅長做的事，而是要優先去做那些不做就會造成嚴重後果、做好了就會帶來顯著效果的事，集中力量去做這些要優先做的事是非常重要的。

同樣應集中與值得信任的工廠建立合作夥伴關係

經營資源要集中於我們認定至關重要的事情上，這一原則也呈現在我們與生產工廠的交往方式上。

我們只與和迅銷擁有相同使命感的，能為我們生產出優質產品且值得信任的公司結成合作夥伴關係。

這也是集中解決問題的一個呈現。一些不懂得經營的人總是認為既然要在全世界開設店鋪，那就應該將生產工廠分散於更廣泛的區域，這樣才可以更好地降低風險。其實這種想法是完全錯誤的。

如果為了保證數量而與和我們沒有共同使命感，且無法令人信任的公司合作，那麼光是指導和管理就會使我們精疲力盡。甚至還有可能因產品品質出現問題而給顧客造成極大不便。那麼，是不是只需投資進行指導和管理，生產工廠就能與我們建立起真正的合作夥伴關係呢？很遺憾，事實並非如此。

如果雙方的追求不同的話，那麼，即使花費時間和金錢，也很難產生共鳴、達成共識。

因此，我們應該集中資源與和我們使命感相同，值得信任的合作夥伴交往。當然，我們也需向對方表明我們的誠意。以誠相待絕對是提高經營效率的有效辦法。

資金也需謹慎評估後再使用

最後還要強調一點，那就是當我們要將經營資源集中到我們所認知的至關重要的商品上時，還必須**綜合考慮費用和效果之間的關係**，這是鐵則。

也就是說，必須好好考慮我們所花費的時間和費用是否能夠帶來相應的利潤。

關於資金，很多人總是錯誤地認為我們已經是大企業了，資金充足，但是，抱著這種想法去經營是註定會失敗的。

一旦資金充足，往往就忘了要設法節約使用資金，所以資金充足有時反倒是件對公司不利的事。**經營者要養成在任何時候都以缺乏資金為前提，謹慎使用資金的習慣**，大家一定要牢記這一點。

只有產出大於投入，公司才能賺到錢。因此，我們必須用心思考怎樣才能以盡可能少的資金投入創造出盡可能大的效益。

由此看來，集中使用資金也是十分重要的。揮金如土地胡亂使用資金自然不行，但為了節約資金而一律以百分之幾的比例來砍掉支出也同樣是不可取的。

節約的目的是要把錢花在刀口上。因此，不能平均分配，而要經過認真思考，**對於那些不花錢也無大礙的事情就一分錢都不要花。反之，對於那些花了錢就能帶來巨大效益，就能為公司帶來飛躍發展的事情**，則應該加倍投入資金。

該節約的地方徹底節約，該投入的地方集中資金投入。這種收放自如的方式才是經營者的用錢之道。

無論是戰略還是合作夥伴、資金等方面，經營的原則都是只能集中，不能分散。

這其中同樣蘊含著獲利的真諦。

第六節
與矛盾爭鬥

專業人士的工作價值

經營就是與矛盾爭鬥。

首先，我們可以說，UNIQLO 的服裝本身就是與矛盾爭鬥的結果。UNIQLO 的服裝一貫走簡約路線。另一方面，由於它是服裝，又需要讓人產生憧憬，讓穿著的人感到舒適。所以，作為服裝的製造者，我們也希望盡可能在服裝中注入新意和熱情。

內在融入新意、熱情，外在呈現簡約風格，從某種意義上而言兩者完全是相反的、矛盾的。但是，如果解決了這個矛盾，我們 MADE FOR ALL 的理念也就能夠實現了。

在上一節中我們舉了蘋果公司的例子，可以說他們的產品就是解決這個矛盾的代表性產品。

這裡我再舉一個服裝製造方面的簡單易懂的例子。我們都知道，要想做出好的東西就需要花費成本，但是，如果把這部分多花的成本追加到商品價格上會出現什麼結果呢？

結果就是將使顧客遠離我們而去。因為這種做法是在把我們自己的問題轉嫁給顧客，顧客當然不會滿意。

因此，如果真的想讓顧客滿意，我們就需要在提升產品品質的同時降低成本，以維持原來的價格，甚至把價格降得更低。

提升品質卻降低成本，明顯是相互矛盾的。

一般人都會認為「做不到」。

但是，如果有人因為覺得「做不到」就放棄，那他就還只是個門外漢。因為他和一般人所說、所做的沒什麼兩樣。

而我們是專業人士，我們是靠銷售服裝來盈利的，所以我們應該是專業的。如果作為專業人士的我們和一般人沒什麼兩樣的話，那麼我們薪水的價值、存在的價值又在哪裡呢？

據說，一流的酒店專業管理人員，絕不會一上來就說「做不到」。

他們會說「好的，我們試試看」，然後就想盡一切辦法來解決

客人提出的問題，直至圓滿達成。

專業人士的工作方式就應該是這樣的。**與矛盾爭鬥，設法找出解決問題的辦法。專業人士的附加價值就在於此，顧客的笑容也將因此而浮現。**

沒有顧客笑容的地方賺不到錢。

矛盾越大，解決矛盾後顧客的笑容也就越燦爛，隨之而產生的企業利潤也就越高。

無論是刷毛產品、HEATTECH 還是 GU 店鋪裡九百九十日圓一條的牛仔褲，都是這方面的典型例子。

解決了矛盾就增加了機會

UNIQLO 進駐東京市中心也是在與矛盾爭鬥。以前在郊外開店時，顧客主要以看到廣告宣傳單後帶著購買目的來店的人為主。所以來店裡的顧客，百分之六七十都會購買東西。

但是，在東京市中心開店卻不是這樣。和帶著目的來購買的人相比，這裡的顧客大多數是抱著順路進來看看、有合適的就買這樣的動機來店的。

我們發現，最早開設在東京市中心的原宿店，來店顧客當中，只有百分之二十的人會買東西。

而且，他們往往走入店鋪後便四處尋找是否有自己感興趣的東西，在把各種商品都過一遍手後，又會走到別的賣場去。其結果是需要我們花費大量人力去整理商品。

購買率低，但是商品整理的工作量卻遠遠超出郊外店。這是一個很大的矛盾。由於場地租金比郊外店貴，所以不可能投入足夠的人手來整理商品，因為那樣的話就勢必造成人事費的增加。這是一個非常讓人頭疼的問題。

但是，以當時的原宿店店長為首，之後又有多位東京市中心店的店長們參與進來，共同努力解決這個矛盾。在他們的努力下，東京都市內中心店的經營方式慢慢進步，為後來開設的市中心大型店——銀座店和 SOHO 紐約店打下了基礎。

不解決矛盾，就沒有下一步的成長。

矛盾與挑戰是如影隨形的。因為進行挑戰時所面臨的矛盾都是自己第一次經歷的，所以往往讓人不知該如何應對。

此時，你是哀歎「太難了」、「這樣的話根本幹不下去」，然後就此放棄，還是努力去思考解決問題的方法呢？這將成為決定將來能否成功的一個很大的分水嶺。

大多數人都選擇前者，也就是說，那個市場沒有挑戰者，或者即便有也都已經知難而退了，因此，那個市場仍然是個空白。

所以，只有**不放棄挑戰，頑強拼搏，努力尋找解決的辦法並堅持到最後的公司，才能創造市場**。

矛盾解決之後，將有更多更大的機會等著你。

發現真正的問題，從根本上解決問題

下面我想和大家講講解決問題的方法。

其實，只要進行經營，或多或少都會遇到這樣的矛盾。

此時，輕言放棄當然不可取，但同時也要注意，**絕不能採用治標不治本的辦法來解決問題**。

一般而言，如果只解決了表面問題，沒有觸及到問題的根源，問題就不可能真正得到解決，同樣的問題將來還會以各種不同的形式出現。

例如，在新開張的店裡和為了提高營業額而苦苦奮鬥的店裡，店員們都很辛苦。因此，有些經營者就想透過給店員調薪的方式來提高他們的幹勁。

但是，這也只是個治標不治本的辦法而已。即使給店員調薪，營業額恐怕也不會增加。而且，即使調薪可以提高他們的幹勁，那也只是短期效果，不難想像，將來如果再發生什麼事，他們還會要求調薪。

調薪的前提是先提高營業額。這就是經營的基本道理。

而且，作為經營者而言，不能遇事就想透過錢來解決，如果想透過提高員工的幹勁來提升營業額，就要認真思考採取什麼措施才能從根本上解決問題。

思考時，可進行這樣的自問自答：

「是不是因為缺乏高度一致的目標和理想？」、

「是不是因為員工教育做得不夠好？」、

「是不是因為還不能敞開心胸說出真心話？」、

「是不是因為我太獨斷了，只把員工當成了操作員，一味地支使他們幹活？」、

「是不是因為員工已經很努力了，但卻沒有得到犒賞和表揚？」，

透過這種自問自答的形式，來挖掘問題的本質並採取行動。

解決問題不能見招拆招，而是要先去發現問題的根源所在。

然後再去把它解決，這才叫解決問題。

否則，就變成了打蒼蠅，總在相同的地方揮拍，徒然耗費了時間和體力，卻完全沒有效果。

第七節
做好準備，執著於成果而非計畫

準備工作的重要性

要想保證經營的正常運作，就需要重視準備工作。所謂準備就是指計畫、安排。為了能使經營順利進行，事先妥善地做好準備工作是必不可少的。

例如，在店鋪陳列商品，我們要在顧客正好想要的時候，準備好顧客想要的東西，想要的數量，並且最後正好全部賣光。要做到這一步，就必須做好準備。

例如，由於沒有做好某個商品的銷售計畫，導致中途不斷追加訂貨，結果我們不能在顧客需要的時機提供顧客所需數量的商品，造成中途缺貨現象。

此時，即使該商品的銷售額高於前一年，這也不能算是一次成功的銷售，必須進行反思。

我們要意識到這是由於我們準備不足，必須對今後的銷售計畫做具體的修正，比如，該在什麼時間點訂貨，該在什麼時間點使用廣告宣傳單等等。**作為經營者，想實現高效盈利，就必須像這樣，提高事先準備的能力。**

實際上，經營者準備不足也會給顧客造成不便。比如，顧客走進店裡購物，卻沒有找到自己想買的顏色和尺寸。這是很令他們惱火的一件事。

如果顧客是因為看到廣告宣傳單而專程過來的，或者是為停車而等了好久才進店裡的，當他看到自己想買的東西沒有時，會是怎樣的心情呢？如果站在顧客的立場上想一下，你就會理解。

也許，製作人員或者銷售人員會覺得「只不過就是一種貨品的小問題而已」。但是，如果真發生了這樣的事，錯失的不只是這種商品的銷售機會，甚至會失去顧客對迅銷的信任。

不妨設想一下，如果發生這種事情的次數太多，頻率太高的話，我們會失去多少顧客的信任呢？

商品的銷售基於相互信任。得不到信任，公司就不會有未來。

不重視嚴密準備的能力及做計畫的能力將會招致意想不到的後果。

深入思考，直至成功的畫面浮現於腦海

當你為進行準備而計畫時，你是否只是機械地在紙上寫計畫？其實，這種機械的手工作業沒有任何意義。

做計畫最重要的是要使成功的畫面浮現於腦海。

「這樣做的話將會出現這種結果」、

「進行到這個階段也許會出現這樣的問題」、

「這個時候，在這方面做好控制是問題的關鍵」，

不斷摸索，直至上述想法像圖畫一樣浮現在腦海裡，直至成功的畫面清晰地呈現於腦際，透過這個畫面你可以知道「這樣做一定能夠成功」。

進行深入的思考，直至成功的畫面浮現於腦海是一個很重要的過程。這才是真正的做計畫，否則就僅僅是手工作業而已。

所謂成功的畫面浮現於腦海的狀態，並非指按計畫將數值和預想簡單地羅列一遍，而是要深入思考直至成功的畫面像故事情節一樣浮現出來。

某位教育家曾說過：「在運動員中，冠軍或是破紀錄的選手，在他們獲勝或是破紀錄之前，腦海裡都曾冒出過類似的畫面。」

經營者也一樣。在做什麼事之前，必須認真思考，直到「這樣做一定會成功」的畫面在腦海中呈現為止。在這個畫面出現之前，我們必須冥思苦想尋找可行的方法，並將想到的方法落實到具體的計畫中。

如果缺乏這一認真思考的過程，光靠動手嘗試是很難取得成功的。

不要執著於錯誤的東西

前面我已經向大家介紹了準備的重要性。準備並不是單純的手工作業，在準備階段必須進行深入思考直至成功的畫面浮現於腦

海，這一點是非常重要的。

　　下面我要講的內容，聽起來似乎和我之前講的有些矛盾。這部分的內容也非常重要，所以請大家一定好好理解。

　　這就是「**在推進某項工作時，計畫雖然很重要，但是卻不能過分執著於計畫**」。

　　做計畫、做準備很重要。但是，一旦做好計畫進入實施階段，我們應該堅持的就不再是紙面上的計畫，而是計畫中所設定的「成果」。

　　花了很大力氣做成的計畫，我們往往容易陶醉其中，並固執地希望不折不扣地按計畫進行，但是，大家千萬不要犯這種錯誤。

　　只有最終的成果才是我們必須執著追求的，除此無他。

　　如果情況發生了變化，要想獲得最終成果就必須放棄原有計畫的話，那麼，不管那是一份你寫了多少頁的計畫，都要毫不猶豫地放棄。

　　所謂計畫就是要隨著實際情況、競爭對手的情況以及公司情況的變化而不斷修正的。

　　下面是我們經常舉的一個例子，優秀的 MD 和平庸的 MD，他們之間的區別到底是什麼呢？

　　以能夠不折不扣地執行原定計畫為自豪，並要按計畫做到底的 MD，不是合格的 MD。

　　這個世上沒有什麼事情是完全按照我們當初制定的計畫而發展的。

　　這個世界不是恆久不變的，我們必須立足於這個前提，對自己的判斷和行動儘早地進行修正。

　　「當初的計畫雖然是這樣的，但歸根究柢我們本季要達成的是這個目標，所以，應該對這個商品和這個數值做這樣的調整。」

　　優秀的 MD 都是能夠預見到變化，並能像這樣及時對計畫進行修正的人。

　　因此，真正優秀的 MD，在一季結束後，你再看他的工作就會發現，當初的計畫與他實際所做的事情是不同的。儘管沒按原計畫

行事，但最終獲得的成果卻與制定的目標是一致的。

　　這個世上往往越是聰明優秀的人，越容易對自己的計畫過於堅持，而最終只能是與他們的計畫一起毀滅。

　　我們是以現實為對手進行經營的，因此我們應該更加重視商人「識時務」的智慧，而不是官僚的智慧。

第二章　自我訓練

訓練 1

請針對此章節中，各種經營者養成所必備的項目，進行自我評價。
以半年一次的頻度，**定期自我評價**，進行經營者養成的自我成長管理。
（下表為 3 年份）

	獲利能力	年 月	年 月	年 月	年 月	年 月	年 月
1	由衷希望顧客高興						
2	日復一日，完成好必要工作						
3	迅速實行						
4	現場、實物、現實						
5	集中解決問題						
6	與矛盾爭鬥						
7	做好準備，執著於成果而非計畫						

自我評價：
〇＝有達到本書所載的水準
✕＝未達到本書所載的水準

訓練 2

舉出做得最好及做得最不好的項目，並寫下依據。

以半年一次的頻度，定期自我分析，進行經營者養成的自我成長管理。

（下表為 3 年份）

		做得最好	做得最不好
年 月	項目		
	依據		
年 月	項目		
	依據		
年 月	項目		
	依據		
年 月	項目		
	依據		
年 月	項目		
	依據		
年 月	項目		
	依據		

第三章

建設團隊的能力

經營者是真正的領導者

第一節
建立信賴關係
——既是萬行之始，亦是萬行之本——

經營是團隊作戰

無論經營者自己多麼能幹，多麼有幹勁，一個人能做的事畢竟有限。

例如，面對每天來店的顧客，所有商品的出貨、接待顧客、商品整理、收銀等這麼多的工作，一個人做得過來嗎？

陳列於店鋪的各種各樣的商品，它們所必需的企劃、設計、製版、縫製、捆包等工作，是一個人能夠完成的嗎？

與此同時，還要去世界各地開拓工廠、建立合作夥伴關係，這一個人做得到嗎？

即便是那些自認為很優秀，能為人所不能為的人，如果你讓他把上面這些工作內容寫在紙上，他就會發現其實**一個人能做的事真的很微不足道**。

經營畢竟還是要由團隊來完成的。如果一個經營者不具備創造團隊、運作團隊的能力，不努力提高自己在這方面的能力，那他就什麼也做不成。

即使經營者擁有革新的能力、獲利能力，但如果他不具備建設團隊並領導團隊的能力，他也做不成什麼大事。

自私的領導者無法創造成功的團隊

那麼，創造團隊的必要條件是什麼呢？

為了讓大家易於理解，我首先談談什麼樣的人不能勝任領導工作。

不能勝任領導工作的人都是只想著讓自己獲得成功的人。

領導者必須是能夠帶領團隊走向成功的人。

大家是否也這樣看？這一點非常重要，領導絕不能只讓自己獲得成功。

真正的領導者能夠和團隊成員共享目標，與大家同甘共苦、真誠相待，並站在最前線引領大家衝鋒陷陣，能夠使團隊的每個成員都能充分品嘗到獲得成就、自我成長及自我實現的甘美。同時，自己也能夠因此而品嘗到成就感，並收穫自我成長和自我實現的滿足感。

這是一條看似簡單、但卻非常重要的定義，如果你是經營者，我希望你千萬不要忘記它。

領導者的一言一行如果只是為了一己之利，那麼很快就會被大家看穿。然後再也不會有人肯認真貫徹你的要求。

這種人只是將團隊成員當成自我實現的工具而已。既然是工具，就不會委以重任，而是想自己獨占全部成果。

而且，這類人還誤以為，只要自己下達指令，團隊成員就會任勞任怨地完成工作。

如果這樣來當一個領導者，就沒有哪個團隊成員還會滿懷熱情地去對待工作了。

他們會抱著「成敗與我無關，對這份工作我不抱持任何情感，請你一個人幹吧，責任也是你一個人扛」。

帶著這種心態工作，本應充滿主動性的工作就變成了機械地的操作，更別提對顧客的關心了。

這樣的組織並不能稱為團隊。團隊並非僅僅是一群人的集合，而是領導者和成員、成員和成員緊密聯繫在一起，大家朝著共同目標奮鬥的一種狀態。

所以，無論多少個人集合在一起，如果缺乏團隊的狀態，都將一事無成。更有甚者，沒有成果，卻徒增成本，這樣的組織恐怕堅持不了多久。

信賴才是一切

那麼，想建設團隊，對領導者而言最重要的是什麼呢？換句話說，什麼是從始至終都至關重要的呢？

那就是信賴。

身為領導者的你，如果得不到團隊成員的信賴，即便你有再出

色的思路，再輝煌的經歷，團隊成員都不會從心裡接受你，都不會產生追隨你一起奮鬥的意願。

即使你發火，對方也不過就是心裡叨念著「又開始罵人了」，然後為了早點脫身，嘴上「好的，好的」，但卻不會真心接受你的批評並願意去改正。

反之，即使被你表揚了，對方也不會太高興，只會覺得「不過是想哄我高興罷了」。

如果人與人之間如果缺乏信賴，就不可能相互理解。

構築信賴關係的基本原則

那麼，如何才能與團隊成員建立起信賴關係呢？

有些人認為，重要的是領導者自身要有能力，並且要讓團隊成員覺得你的專業水準非常高。

可是，在很多團隊中卻經常發生下類情形：「儘管他很優秀，但是我卻不願意追隨他」。

雖說有能力是很重要的條件之一，但**因為領導藝術是產生於人與人之間的，所以源自人性更根本的東西才更為重要。**

其實，構築信賴關係並不是一件簡單的事，所以第三章整整一章我們都在闡述這個問題。

我認為，在得到了他人的信賴的基礎上，還有一樣不可或缺的基本原則。如果缺少了它，無論你做什麼、怎麼做，效果都微乎其微，只能浮於表面卻無法觸及本質。

這就是：你是否是一個言行一致、始終如一的人。

言行一致

承諾了，就要遵守。

如果你對部下說到了夢想，那麼你就要比任何人都認真地去追尋它。

如果你對部下說了「讓我們把該做的事情做好吧」，那麼你就必須身先士卒、率先垂範。

如果你說了「讓我們更好地配合共同攜手奮鬥吧！」，那你就

要第一個顯示出與大家全力合作的態度。

如果你說了「要以最高標準為目標」，那你自己就必須這樣去做；如果你說了「我們要打破常識」，那你就要以這樣的態度來工作，欣然接受部下超出常規的想法。

如果你做不到這些，那誰還會相信你呢？

一個言行不一的人，是根本不可能令人信任的。

但是請不要誤會，我的意思並非是要求領導者都成為全能的超人。其實，團隊成員中比你更有創意的人應該不在少數，有些你做不好的事別人卻可能輕鬆就能完成。所以，我並不是要求領導者在所有領域都擁有高人一頭的能力。

我只是想提醒你問問自己：「**對於你自己說過的話、承諾的事，或者對於你正在說的話，你是否是那個最忠實的踐行者？**」

團隊成員並不是一群領導人說什麼就信什麼的人，他們會聽其言，然後察其行，最後再決定對方是否值得自己信任。

始終如一

還有一點也很重要，那就是你是否能做到始終如一。

對你自己的信念、你所信奉的價值觀以及你所追求的東西，不要動搖，更不要輕易改變。

對於這一點，我也希望大家不要誤解，為了實現目標而採取的具體方法和行動應與時俱進，必須根據形式的變化而改變。

但是，最終的目標、你所崇尚的信念和價值觀始終都不能改變。這裡面具有一種普世性。說得再深入一點，從這裡可以感受到一種很強的道德觀、社會性以及客觀事物的一種真實性。也就是說，這是一種與追求真善美相類似的普世價值。

只有能夠將這些視為自己核心價值的人，才有可能得到對方的真正信任。

有些人僅憑自己的一時之念或是對方的身份就改變自己的態度和承諾，因得失而輕易改變自己的想法和為人原則，自己的想法經常發生動搖，卻還用「那時候我是這麼想的，但是現在……」來為自己辯解。

這樣做事和做人的人，最終必將失去他人的信任。

言行一致、始終如一，這是人應有的品質。換句話說，由此可以看清一個人的誠信度。

如果構築不起信任關係，就無法建設團隊。因此，對於領導者而言，最關鍵的就是要構築信任關係。請大家不要忘記，團隊成員對你的認識，就是從你日常的一言一行中品味出來的。

第二節
全心全意，全身心面對部下

人只有在別人百分之百盡全力對待他時，才會改變

如果不能建立起良好的人際關係，組織就幾乎不可能發揮作用。這裡所說的人際關係也就是我們在第一節所說的信賴關係。

建立良好人際關係的第一步，就是作為領導者要以誠信為本，言行一致、始終如一，這一點非常重要，是任何時候都必須重視的。

那麼，確立了這種根本原則之後，在直接與每一個部下相處時，做到什麼程度才算好呢？這是人們經常會問的問題。

答案很簡單，那就是百分之百。

領導者在作為上司與部下相處時，要全身心對待部下，只有這樣部下才會接納你，除此以外沒有別的辦法。

所以說，該與部下相處到什麼程度並沒有一個標準，重要的是要全身心對待部下。否則你就不可能使他改變，也不可能真正打動他。

不要妄想只透過浮於表面的交往就能改變一個人，這在人際關係上是不可能發生的事。

站在部下的立場上認真傾聽

那麼，所謂全身心對待部下，具體地說是要怎樣做呢？

最重要的就是，要真正為對方著想。

有些人能讓對方體會到「他是真正為我著想才這麼做的！」，那麼，他們是透過什麼方式與對方交往的呢？

不妨結合自身的經歷回想一下。他們到底是什麼樣的人呢？

是的，一定是**能夠站在對方的立場上，順應對方的思維方式、感同身受地傾聽對方心聲的人**。只有這樣去傾聽對方的心聲，對方才會覺得「這個人或許能夠理解我！」。

每個人對事物的看法、想法、感受、立場、經歷以及性格和感情等都是不一樣的，如果我們不能順應對方的情況來傾聽，是不可

能收到好效果的。

正因為每個人的情況都是不同的，所以我們只有站在每一個人的立場上，順應並理解每一個人的思維方式及情感，他們才會認為我們在認真傾聽他們的心聲。

如果你不能以這樣的態度去與對方交流，就不可能被對方接納，對方會認為「即使說了，他也不會理解」，並往往因此而不說出他們的真實想法。

調動自己的所有資源，思考怎樣做才是對部下有益的

在認真傾聽部下的心聲之後，還要用心理解並接受部下。但是，這並不等同於部下說什麼是什麼。

所謂用心理解並接受，是指對部下所說的話，運用自己所有的經驗、知識和能力進行分析，考慮應該如何給他提出最好的意見和建議。

如果部下的想法不對或是過於簡單，那就必須指出他的想法哪裡不對或是哪裡過於簡單；如果想讓他從不同的視角來考慮，那就需要給他一個從不同視角考慮的提示。

有時還要與他們產生共鳴，並分擔他們的煩惱。

有一百個人就有一百個正確答案。我們必須認真考慮這一百個答案。

其實，部下是很敏感的。他完全能看穿你是真為他著想還是僅僅出於上司的立場才這麼做的。

有些人任何事都講邏輯，他們喜歡說：「從邏輯上來講，這件事的情況是這樣的，所以應該這麼做。你必須這麼做，你必須理解。」，而且還認為這就是上司與部下的交往方式。

如果這邏輯是對方的邏輯還好一些，但那些人在這麼說時往往都是按照自己的邏輯，我行我素地行事，而且絕無通融的餘地。這樣做後，他們還認為自己已經盡到了上司的職責，認為自己做得無可挑剔。甚至還因自認為在邏輯上贏了部下，占了上風而沾沾自喜。

其實，在邏輯上贏了部下又如何呢？上司的自我滿足其實對於經營並沒有任何幫助，重要的是如何去感動部下並使部下發生改

變，這才是上司應盡的責任。

但是，人不是那麼容易就能被感動的。人一般不可能在聽完上司的一番邏輯之後，馬上就在內心完全接受上司。

要想讓部下接受自己，就必須讓他覺得你是能夠理解他的境遇和情感的人。

為了做到這一步，在實際工作中你必須站在對方的立場上，努力去理解對方的思維方式和情感模式。除此之外沒有別的辦法。

不難想像，這麼做是需要花費相當大的精力的。

這不是只花百分之三十或百分之四十的精力就可以做到的事。不花費百分之一百的精力絕無可能做到。那些沒能與部下建立良好的互信關係或是在與部下的關係上失敗的人，都是因為只想付出百分之三十或百分之四十的精力去應對的緣故。

對於那些如不集中並耗費百分之一百的精力就不可能取得成功的事，你必須花費百分之一百的精力去做，也就是需要全身心投入。

時為「魔鬼」，時為「菩薩」

另外，還有一點很重要。

那就是，如果真為對方著想，身為領導在實際工作中就必須時為「魔鬼」，時為「菩薩」。

領導的工作就是要讓部下的未來一片光明。

因此，如果真為部下的未來考慮，就必須如魔鬼般對其進行嚴格的指導，直至其能夠勝任某項工作。如果在這時看似善解人意地對部下說「不必非達到那個程度」之類的話，或許當時可以皆大歡喜，但部下的未來卻可能因此而變得一片黑暗。

如果部下以低標準來要求自己並因此而自我滿足，那你必須做「魔鬼」，毫不客氣向他指出「你失敗了！」。

而且，還必須做一個為部下設立一個又一個目標，向部下提出越來越高要求的「魔鬼」。

因為如果不這樣做，團隊就無法創造成果，不能創造成果，未來就會變得越來越黯淡，並將最終失去未來。

做「魔鬼」有一點至關重要，那就是不能因為不喜歡某個部下

就嚴格要求他，也不能感情用事，憑自己的心情去做，而是要讓部下明白嚴格要求他是為了讓他擁有一個美好的未來。

這無需時刻掛在嘴邊。只要你真是這樣想的，部下一定能感受得到。也許有時由於部下不能馬上理解而被部下在背後罵，但是將來總有一天會得到他們理解的。

話雖如此，但現實中確實也存在沒能得到所有人理解的情況。這時，你要堅信「將來他們一定會理解的」並堅持去做。雖然也許得不到一句感謝的話語，但是你要明白你並不是為了獲得感謝才去做的。只要自己現在扮演的「魔鬼」角色能給部下帶來一個光明的未來，即使得不到感謝又有什麼關係呢？

畢竟重要的不是領導者的自我滿足，而是部下的未來。

另一方面，如果你只是「魔鬼」的話，部下不會追隨你，也得不到成長。所以，當你認為部下做得不錯、或者比以前有進步時，你就要做「菩薩」，好好地表揚他並對他的工作予以認可，這同樣非常重要。

只有這樣，才能使部下感受到自己沒有白受「魔鬼」的折磨，自己的努力是值得的，也才能因此而理解領導如「魔鬼」般嚴格要求自己的一番苦心。

作為「菩薩」，僅僅表揚部下，對部下的工作予以認可是不夠的，還應關心部下的健康狀況和家庭情況，這種關心也是「菩薩」應有的一個側面。

一方面在平時工作中像「魔鬼」一樣嚴厲，另一方面又對部下的事如此關心。只有這樣的領導者，才能激發部下的幹勁，使部下願意為不辜負期望而努力工作。

要想做一個成功的領導者，你就必須能夠體察他人的苦處，對人性以及與他人一起工作的真諦等有所領悟，而且你的職位越高，對這些事情的領悟就要越透徹。

與他人一起工作並非一件簡單的事，光靠表面的東西是很難把工作做好的。

對於這一點，光理解是不夠的，還需透過實踐親自體會。

　　領導者與部下的相處都是在實際工作中進行的，所以如果只理解理論，而不去實踐，就沒有任何意義。在實踐中體會才是至關重要的。

　　在這裡我想告訴大家的是，你們必須透過「實踐→自問自答→再次實踐」這一過程來進行體驗，並反覆重複這一過程，直至與部下的相處之道已經成為你們的一種身體本能，成為你們的習慣。

第三節
共享目標，責任到人

只有反覆傳達目標，才能共享目標

　　工作都是由團隊合作完成的。只有團隊成員齊心合力才能創造成果。因此，**對於一個團隊而言，首先要做的就是目標共享，即讓所有成員都清楚自己的團隊到底是以什麼樣的成果為目標的。**

　　如果這一點不明確，團隊成員就不明白自己到底是為了什麼而工作，於是工作就變成了機械操作，而且，也搞不清楚是否達成了目標，自己這麼做是否為公司做出了貢獻。在這種狀態下，成員是不可能充滿幹勁地來工作的。

　　類似的事情在體育界我們經常可以看到，有的隊伍讓人感覺「他們的心是散的」，比賽裡每個隊員各自為政，懶懶散散，完全沒有全身心投入的感覺。這樣的隊伍自然戰勝不了對手。而且，即使輸了，也沒有人感到懊惱，把責任推到某個人的頭上就算有了交代。

　　其實經營也是一樣的。如果沒有一致的目標，公司就會變得和這個隊伍一樣。

　　因此，為了建設好團隊，領導者必須努力明確團隊的共同目標，並與每一位成員共享。

　　有些人對目標共享存有誤解，他們只是在年度的開始或是事業剛剛起步時把目標傳達下去，然後就把它往牆上一貼，再也不去理會。還有些人只是機械性地把目標讀一遍，並沒有把它變成自己的語言，沒能真正理解。

　　很遺憾，這樣做是無法使所有成員目標一致的。沒有哪個人僅僅聽一次就能真正理解。當然，在那個瞬間他也許以為自己確實明白了，但一陷入繁忙的日常工作就會忘個精光。

　　因此，**要想做到目標共享，就需要不厭其煩地一遍又一遍地向成員傳達，直到所有成員都能夠理解團隊的共同目標。**當團隊成員能夠用自己的語言對其他人充滿熱情地描述這個目標，或者大家自發地為實現目標而開始行動的時候，我們才可以說：「大家已經真

正理解了目標」。

　　只有做到這種程度，才算實現了目標共享。要做到這一點，只能依靠領導者的反覆傳達，沒有其他捷徑。

　　奇異電子的前 CEO 傑克・威爾許曾經說過這樣一句話：

　　「一天當中，我會一遍又一遍地強調公司的目標，有時說得連我自己都煩了。」

　　被譽為「管理大師」的傑克・威爾許為了使團隊成員共享目標尚且如此努力。對於立志成為經營者的人而言，當然需要比他多付出幾倍甚至幾十倍的努力。

　　可以說，正因為威爾許將這種做法一直堅持到了退休，所以他才贏得了「管理大師」這個稱號。

責任必須明確到個人

　　不只要目標一致，**團隊作戰的基礎就是每個成員都要擔負起各自的責任。**

　　關於這點，還是用體育比賽而言明可能會比較好理解。例如，棒球的二壘手總是出錯，或是投手投不出好球，總是投出四壞球。要是做不好自己的分工，那就別指望贏球。別的選手也不願意和你並肩作戰了。

　　各個成員都必須擔負起自己的責任。這是進行團隊作戰的基礎。

　　因此，每個成員都要從擁有強烈的責任意識做起，必須清楚哪些工作是自己的責任。

　　責任意識的形成，最重要的是要明確「這個工作是誰的責任」。

　　明確責任，也就是所謂的「一人一責」。

　　由團隊來負責的方法是不可取的。即使是團隊一起來做一項工作，也要明確「責任的主體是誰」。不把責任明確到個人，最後的結果就是無人負責的體制。

　　只有把責任明確到個人，才能真正地負起責任來。

　　人都是這樣，如果是幾個、幾十個人一起做，那麼誰都不會覺得這是自己的責任。全體責任、團隊責任，聽起來挺好聽，但後果卻是沒有人會帶著強烈的責任感去工作。

可以說，沒有責任就不會有成果。

讓本人去思考如何工作，是責任感產生的根源

那麼，如何才能讓成員們帶著責任意識去工作呢？

方法就是，讓他自己思考讓他自己動手，這一點非常重要。

別人下達了指令，就按別人的指令去做；上面分配了工作，就按上面的分配去完成。這樣的工作，沒人會真把它當成自己的工作來做。

這個世界上，沒有人會高高興興地去做別人的工作。除非他認為這是他自己的工作，否則他既不會認真，也不會產生責任感。做真正屬於自己的工作，這是人們積極主動工作的原動力。

原動力有了，人自然就會努力，並產生以高標準去完成的決心。

但是，如果不了解人或組織的本質，就會陷入管理的謬誤。為了更好地進行管理，該做什麼工作全部由上面指示，甚至工作方法也要由上面決定。這種方式乍看似乎效率挺高，其實卻無法激發員工的工作熱情，因此員工也不想去追求更高效的工作方法，結果效率反而會更低。

沒有責任感，也就不會去追求更高的目標。最終，也就不會有高效的產出。

因此，**多讓本人去自由思考，盡可能將權力下放，結果會更好。因為這樣一來他會把工作當成自己的工作來做，也便於追究責任。**

因為他覺得這是自己的工作，對工作抱有強烈的責任感，所以，即使出現問題被追究責任，他也會帶著一股絕不服輸的衝勁，設法去補救，並能夠堅持不懈地努力，最終獲得令上司刮目相看的成績。

如果領導想讓成員真正抱有責任感的話，就應該以這樣的方式把工作託付給他。關於這個問題，在下一節〈託付工作並予以評價〉中還將進行詳細的敘述。

在做到目標一致之後，容易出現的問題是，既不下放權力，也不追究責任。或者一味追究責任，卻不下放權力。採用這種不徹底的方式，是不可能創造一支為實現目標而努力奮鬥的團隊的，請大

家一定記住這一點。

第四節
託付工作並予以評價

人只有把工作當成自己的事，才會努力

一個好的公司，是所有員工都把工作當成自己的事來做的公司。不好的公司，是所有員工都把工作當成別人的事來做的公司。

為了成為好的公司，領導者必須讓團隊成員自己思考工作。而且，**工作中還要盡可能地聽取成員的意見，這也非常重要。**

如果成員的想法從根本上就是錯的，那當然不能採納。這時候必須清楚地告訴他那是錯的。

但是如果成員的想法並沒有錯，也是一種正確的思路，成員的方案也可行，領導者的方案也可行。在這種情況下，**如果領導者的方案只是稍微好一點的話，那還是應該讓成員按自己的方案去做。**

如果領導者總是抱著「這個事就得這麼做」，或者「我的方案比你的好」這樣的思想，一味地要求成員全部按照你的想法去做事的話，成員的工作熱情就會降低。

「工作成果＝能力 × 幹勁」。 無論你的能力有多高，創意有多妙，如果執行的人沒有幹勁，也不會獲得好的工作成績。

能夠按照自己的思路進行自由發揮，能夠自己處理工作中的所有環節，能夠自己去企劃，自己去完成。人只有在這種情況下才能獲得自我實現和自我成長。這樣的工作方式是最讓人感到開心的。

最後也許會失敗。但是即便按照領導者的想法去做也未必就會成功，所以失敗的機率其實並沒有增加。

而且，如果成員把工作當成自己的事來做，那麼即使失敗了，他們也能從失敗中記取教訓，將失敗轉變為自己的寶貴財富。這樣一來，成員就能在失敗中獲得成長。

但是，如果成員把工作當作別人的事來做，那麼失敗時他就會把「我是按指示來做的」當成藉口。這樣的失敗經歷只會讓成員逐漸消沉。

談到失敗，不妨讓成員早點面對失敗，經歷一些小挫折，這樣能夠從中學到很多東西，以免將來遭受致命的失敗。這其實是一種為成員著想的人才培養方法。

　　此外，領導者還應該鼓勵成員：「失敗了也沒關係，有我呢，放心大膽地幹吧。」，並不斷放手讓成員去做。

不對成員過度指揮

　　一旦把工作託付給了成員，就要有睜一隻眼閉一隻眼的勇氣。也就是說，要懂得忍耐。

　　雖然過程中你可能有很多話想說，但是既然對部下說了「請按照你自己的想法和做法在某月某日之前完成這項工作。」，那麼領導者就必須忍耐，必須放手讓成員做到最後。

　　當然，正如松下幸之助先生所說的一樣：「放手，又不能完全放手。」，也就是說，放手不等於放牛吃草，不能放了就不管，而是要時刻關注著，必要時還要聽取成員的彙報。如果發現成員的做法偏離了我們的根本目標或標準，就要以提建議或指導的方式對他進行修正。

　　但是，**如果成員的做法並沒有偏離根本，就沒有必要對他進行過細的干涉**，這一點非常重要。

　　如果沒弄明白這個問題，那麼在放手之後，就難免會對成員的工作指手畫腳，一會讓他這麼幹，一會又讓他那麼幹，這種**過度的指揮會使成員失去工作的意願**。

　　一旦干涉過多，越優秀的成員越會離你而去。

　　「放手」固然很重要，但是「放手的方式」也同樣重要。

放手前，必須共享目標願景

　　在這裡，我還要講一下放手時的注意事項。

　　在放手之前，領導者必須與成員進行反覆溝通，讓成員清楚自己希望成員達成什麼目標、執行什麼標準。領導者必須牢記這一點。如果成員對領導者要求的目標和標準尚不清楚，就要不斷溝通，直至雙方達成共識。否則切不可放手讓成員去做。

當然正如我們在前面已經講到的，放手後也同樣要對此進行確認。

如果偏離了目標和標準，那麼儘管成員本人很努力，但卻很難獲得領導者所期望的成果。這對雙方而言都是一種不幸。

需要注意的是，有些成員貌似在聽領導說話，但其實並沒有聽進去；貌似聽懂了領導的要求，但其實並沒有真正理解。

作為領導者對此必須很敏感。一旦感覺到有人在不懂裝懂，就必須反覆說明，直到他聽懂並且理解了為止。在絕不能妥協的事情上就不能有絲毫讓步。

如果想放手讓部下去做，在這方面就不能含糊不清。你認為自己已經把工作交代清楚了，他已經明白了你想讓他做什麼，但他卻未必真明白，所以最終的成果才會出現偏離。這樣一來，雙方的信賴關係也有可能因此而產生裂痕。

放手後，必須準確地傳達評價

最後，領導者在放手讓成員去做之後，還必須對成員的工作進行評價，這樣才算給自己的「放手」劃上了句點。

自己託付的工作，成員完成得好還是不好，對此領導者必須認真進行評判，並在日常交流時或尋找合適的時機將自己的評判結果告知成員，這一點非常重要。

在成員取得好的成績時，不要忘記表揚他「做得很好！」，如果發現成員做錯了，就要告訴他這樣做不對，或是做得不夠。

如果不這樣，很多人就意識不到自己做得不夠、做錯了或者失敗了，而是以為自己一直都做得很成功。

如果放手讓成員去做，卻不認真給予評價的話，成員的工作水準就不可能有提高。

當然，成員在創造成果時，如果能夠得到表揚，他們的幹勁就會更高，接下來肯定會更加努力。

放手讓成員去做，並認真給予評價，這是使人成長的一個很重要的因素。

反之，最糟糕的情況是，作為領導者卻不能清楚地給予評價。

這種做法不但不能使成員獲得成長，還會讓他們覺得領導根本不在乎自己。

這樣一來，成員就會開始敷衍了事地應付工作，並與領導者漸行漸遠。

單單放手不能算完，還要認真給予評價。做到這一步，「放手」的工作才算完成了。

第五節
提出期望、發揮部下長處

以自己的方式傳達期望

經營不需要天才和超人。在商場上，即使是很平凡的人也可以獲得非凡的成果，這就是團隊的威力。

因此，如何激發每個團隊成員的幹勁就成為一個極為重要的課題。

很關鍵的一點就是要委以重任。

另外，還有一點也很重要，請大家一定不要忘記。

那就是「期待」。

一定要對每個團隊成員寄予期待，將「你一定行」、「我相信你」這樣的資訊傳達給他們。

人對於自己是否被別人期待是能夠感知的。團隊成員能夠從領導的眼神、態度、以及日常的接觸方式和頻率上解讀領導對自己的期待。也就是說，成員其實非常了解領導者到底是怎麼想的。

如果領導以「這個成員的能力也就到這個程度了」之類的想法來看待成員的話，那麼，他手下的成員是不會有工作熱情去努力工作的。

因此，**越是要求成員獲得出色的成果，就越是要對成員寄予更高的期待。如果一個領導者只提出工作上的要求，卻沒能同時讓成員感受到自己的期待，那麼他在提高成員幹勁這一點上，就沒有盡到一個領導者應盡的職責。**

如果將期待說出來能夠收到更好的效果的話，就要將期待說出來。但是，如果上司所表達的期待缺乏誠意，浮於表面的話，是騙不過部下的，所以重要的是要從心底真心對部下寄予期待。

有了這種發自心底的期待，即使是斥責，對方也能從中感覺到你對他的期待。

人一旦感覺到別人對自己的期待，便會產生絕不辜負對方期待的心理。

大家一定有過這樣的經歷。所以，請你一定對你的團隊也寄予極大的期待。

請尋找最適合自己的表達方式來表達你的期待。有個性、有自己特點的表達方式才是最好的。期待的表達重要的不是技巧，而是誠意。

對於要求成員獲得成果的上司而言，向成員傳達自己的期待既是義務，也是責任。

請大家一定要意識到：如果做不到這一點，成員就不會全力以赴地去完成我們提出的要求。

了解成員的優點和缺點，清楚成員的真正實力

那麼，怎樣才能發自心底地對成員寄予期待呢？

其實，不認真觀察成員的人，是永遠無法對成員寄予期待的。

能夠對成員寄予期待的人，一定是認真觀察成員的人。

這裡所說的認真觀察是指將成員的情況全都認真看在眼裡。

認真觀察他有哪些優點。

認真觀察他有哪些缺點。

人難免都會受到自己過去經歷的影響，並因此帶有偏見和先入為主的觀念。

結果，往往在還沒有真正了解成員的情況下，就僅憑表面的一些事情斷定：「他就是這樣的人」。

這樣去觀察成員，我們就無法了解到成員的真實情況。

因此，這種做法是不可取的，我們必須從「這個成員能勝任什麼工作呢？」、「也許，他能勝任這項工作！」等角度去觀察團隊成員。

對於缺點，我們要帶著「怎樣才能幫他改正呢？」、「怎樣做才能使他的缺點不至於成為致命傷呢？」等意識，進行觀察。我們必須要像這樣，全面了解並接受團隊成員，包括他們的優點和缺點。**並且還要認真思考怎樣做才能讓他們發揮最大限度的作用。這才是領導者對待成員的基本態度。**

認真思考如何發揮人的優勢（強項）

在人才使用方面最關鍵的就是要讓其能夠發揮出自己的優勢。

人在獲得發揮自身優勢的機會後，就會產生發揮優勢來創造成果的意願。這樣一來，他自然就會設法去克服自身的缺點，避免因其而造成致命傷。比如，他會請別人幫忙做自己不擅長的那部分工作，或者會在工作時倍加小心。

人不會因為被別人指出了缺點而去改正，但是，一旦意識到這樣做有益於自己的話，他就會主動想辦法去克服自己的缺點。

但是，那些不認真觀察成員，不能全面了解成員情況的人，他們的目光往往只盯在成員的缺點上。

並且總是嘮叨地指出成員的缺點。因為不能容忍成員的缺點，所以他無法將工作放手交給成員去做。當然，成員也不可能感受到他對自己的期待。

成員能夠察覺到：「這個領導人可能根本看不上我」，於是工作的時候也就提不起幹勁了。

事物全看你怎麼想。

優缺點往往是同一事物的正反兩個方面。你認為是優點的地方有時會變成缺點，你認為是缺點的地方有時會變成優點。

例如，有些人盡可能用較短的時間來完成工作，這可以說是一個優點，但是在需要進行慎重考慮之後再去做的時候，這個優點就又變成了缺點。

反之，即便是缺點，當你以不同的角度去看時，也有可能變成優點。所以，領導者在看一個人時，絕不能帶著先入為主的觀念，不能習慣性地以否定的眼光去看人。

杜拉克說過：「**所有人都是透過自己的強項，而非弱點來獲得報酬的**」。大家應該也是這樣的吧。你現在的職位和責任，是透過自己的缺點來獲得的嗎？我看一定不是這樣。

如果是一個人的強項，即使你提出更高的要求，他也一定能夠發揮足夠的力量來完成。

反之，如果你錯把某個人不擅長的工作交給他去做，甚至提出

更高的要求，他就可能因不堪重負而被擊垮。

人無完人。如果你要求每一個人都必須圓滿地完成所有工作，那你就很可能僅僅因為那些優秀人才身上的一些缺點而不去重用他們，使他們無法發揮自身的優勢。

日本有句俗語叫做「矯角殺牛」，比喻總是記掛著缺點，一心想矯正缺點，結果卻矯枉過正，毀了一切。

請大家認真思考一下團隊以及團隊成員存在的理由。**即便單獨的一個人不是十全十美的，但是因為成員間能夠互補，所以團隊的優勢也就呈現出來了。**

缺點大家相互補，發揮各自最大限度的優點才是理想的團隊。做到了這一步，即使是平凡的人也能夠獲得非凡的成果。

第六節
積極肯定多樣性

人各不相同

迅銷集團現在正在加速全球化的腳步。因此,多樣性的經營管理對於領導者而言就成了一個非常重要的課題。

但是,不能用「因為全球化,所以多樣性」這樣狹隘的模式來考慮問題。

多樣性的經營管理本來就是建設優秀團隊、實現良好經營所必需的具有普遍性的管理能力。

也就是說,**即便先把國籍、人種、性別、年齡放在一邊,人也是各不相同的,世上沒有完全相同的兩個人。**

因此,即使沒有全球化,每個職場中也必定存在著多樣性。如果不積極理解並肯定多樣性的原本含義就去帶領團隊的話,無論在哪裡,帶領什麼樣的團隊,都無法創造成果。

所以,無論是帶領一百個日本人的團隊,還是帶領由美國人、法國人、中國人和日本人共同組成的團隊,多樣性的經營管理都會存在。**根本原因就在於「人各不相同」。大家一定要將這一點好好植入腦海中。**

尤其是日本人,有思想狹隘、對不同事物不是接受而是抵制的傾向,所以我希望領導者必須要注意這一點。

這是日本學校教育的弊端,日本一直以來的教育模式就是「正確答案只有一個,沒有其他答案」。在這種教育模式和考試制度下,「如果不按老師教的正確答案去背、去回答,就會被扣分」。縱觀日本全國都可以感覺到這個弊端。

由於這已經成為了一種文化,所以在很多企業的管理模式中都可以看到它的影子。

身處在這樣的環境,長期接受這樣的教育,人有時候甚至會表現得有些偏執。

但是很明顯，在企業活動中，正確答案不會只有一個。特別是在現在這個變化激烈的時代，過去正確的答案很快就會發生變化。

　　「因為以前一直都是這麼做的」之類的理由已經不在是正確解答的根據了。

　　因此，領導者要收集、傾聽並接受各種人的各種做法和智慧。在此基礎之上，選擇真正優秀的方法去工作，或者讓成員按照真正優秀的方法去工作。**兼容並蓄是一個領導者必須具備的素質。**

　　在這個變化的時代特別需要這種素質。好的創意無關國籍、人種和性別，也無關職位的高低。

公司也有選擇人的權利

　　人有選擇公司的權力。同樣，公司也有選擇人的權利。

　　一起工作的團隊成員必須能夠理解公司的使命感、目標和根本的思考方式，理解公司的基本方針和原理原則，並能夠對此產生共鳴、進行共享。這些是成為團隊成員的前提條件。

　　沒有努力去理解的意願，只是一味認定這跟以前公司的做法不同，或者和自己的想法不一樣，那麼很遺憾，這樣的人無法成為我們團隊的一員。

　　雖然我們肯定多樣性，但是請理解這句話是建立在公司和成員之間具有對等、健全的關係之上的。

　　方法和智慧可以多種多樣。但是，公司本質的、不容讓步的東西不可以動搖。

　　所以我希望領導者要牢記公司的使命、目標、原理原則和基本思路，在這方面，如果認為自己的判斷是正確的，就決不妥協。如果成員不能理解，就要堅持解釋直到他能理解為止。

　　如果成員沒有接受這些的意願，那就可以認定他不適合在這個團隊中和大家一起工作。為了維護整個團隊的秩序，領導者需要做出這種決斷。

在全球化經營方面

　　上面講的內容是根基，公司本質、不容讓步的東西不可以動

搖。但同時也要注意尊重所在國家及地區的習慣和法律，這是全球化經營所必需的。

此時，希望大家不要沿用陳舊的觀點先入為主地判斷問題。

例如，「中國是這樣的、韓國是那樣的、美國是這樣的、而法國又是那樣的」等等。這是一種自以為是的想法。說這些話的時候，你對它們到底真正了解多少呢？

中國人也好美國人也好，一百個人就有一百種不同。那麼事實到底是怎樣的呢？**確實透過現場、實物、現實進行確認是非常重要的。**

弄清事實之後，如果發現那已成為該國或該地區的習慣而無法改變，並且只有尊重這些習慣才會得到顧客和當地員工的支持，那麼就要「入境隨俗」，做出接納這些習慣的決定。

但是，不可簡單地看一下之後就隨隨便便做出判斷。

有些情況其實並不是人們所希望出現的，只不過是由於妥協和先入為主，才變成了現在這個樣子。對於這種情況，公司應該遵照自己的信條，透過自身的努力使它變成任何人都願意接受的良好狀態。

比如在巴黎，我們經常看到，在一些大型休閒服飾店，前面顧客挑過的商品沒人去整理，雜亂的堆在那裡，而後來的顧客就在這種環境中選購商品。

可是，在這種環境中購物，巴黎人真的無所謂嗎？其實不然。他們也希望無論什麼時候走進店裡，購物環境都是整潔有序的。

那麼，UNIQLO 就要堅持在店鋪貫徹清潔度和商品整理等方面的原則，創造一個任何人都願意欣然接受的狀態。這樣做非常重要。

所以，結論就是：**在任何時候，都不要照本宣科、沿用以往的模式判斷事物。正確的做法是遵循現場、實物、現實的原則，結合當時的具體情況來思考「做什麼、怎麼做對顧客而言才是最好的？」，並透過這種自問自答找到答案。**

這是領導者所必須具備的**基本的思考方法**，不管是對全球化還是其他方面，都同樣適用。

根據具體情況，對成員給予關懷

關於多樣性管理，最後我還要補充一點。

我們在說到人各不同時，也要意識到人與人在個性和能力上是存在差異的。我希望領導者**能夠針對每個人的不同情況，對團隊成員給予關懷。**

人不僅僅只有工作。成員當中，如果有人無精打采或是面露愁容，那多半是家庭或是健康方面出了什麼問題。這種時候，作為領導者應該在問明原委之後，設身處地為成員著想並給予恰當的關懷。如果是生了病，就給他介紹個醫生，或者向他建議這個時候該怎麼做會比較好。在了解情況之後，還可以考慮在那段時間對他給予一定的照顧。

領導者這樣做，會使成員感覺到自己所在的公司是個好公司，自己的領導是個好領導，並因此而產生要更加努力工作的意願。

領導者面對這種特殊情況，是否能真正站在團隊成員的立場上，設身處地地為他著想，這也是評價領導者的一大要素。

如果領導者不這樣做，而只是冷漠地套用公司的規定，那就不僅會使成員對領導者失去信任，也會使他們對公司失去信任。

況且，任何人都難保自己不會也在什麼時候也處於弱勢或是需要別人的支援。

把它說成是度量也好，氣量、寬容也好，總之，缺乏這些的公司，在別人眼裡很難成為一個好公司。

對有特殊情況的成員給予關懷，不僅幫助了他一個人，同時也能讓團隊力量變得更加強大。**不懂得體察別人心情的人是做不好經營的。**在談到多樣性的時候，如果領導者能夠體察到每個成員的不同情況，並給予關懷的話，團隊成員一定會更願意跟隨你一起努力工作。

第七節
抱持最強烈的取勝欲望，堅持自我變革

必須抱持比任何人都更強烈的取勝欲望

團隊作戰的前提條件是全體成員都要抱持強烈的取勝欲望。團隊合作不同於朋友關係，並不是成員之間彼此關係好就行了。

為了讓成員都抱持取勝的欲望，首先**領導者自己的取勝欲望必須比任何人都更強烈。**

如果領導者能夠抱著「即使戰至最後一兵一卒也要取勝」的意識加入團隊，並能身先士卒的話，成員就會逐漸理解你的激情，團隊會變得目標高度一致，並且凝聚力也會越來越強。

反之，如果領導者總是一心想突顯自己個人的作用，他就會漸漸被孤立，最後只能孤軍奮戰，並因此而一敗塗地。

需要注意的是，儘管領導者抱有強烈的取勝欲望，但在工作中一定要讓成員做主角，讓成員成為英雄。這是管理的藝術。

不渴望勝利，不求上進的公司終將倒閉。

因為取得了一點兒小成績就感到滿足，並心生驕傲的領導者最終會經歷重大失敗。

無論是沃爾瑪，還是 Google、三星，所有存活的公司都是抱著比誰都更想贏、更想發展的欲望，制定高目標，並能夠迅速行動的公司。

同時，如果真有想取勝、想發展的強烈意願，自然而然就會**發現自己哪些地方做得不夠，那些地方做得不好**。這種自我認識又會引導我們去學習、去改善並去嘗試新的事物。

相反地，如果覺得自己已經做得不錯了、做得夠好了，就會心生驕傲。這與我們在認識到自身不足時的做法截然相反。

其實道理很簡單，要想持續獲勝、持續成長，就需要永遠保持想取勝、想發展的動機，這是必不可少的。

領導者對挑戰要以身作則，成為「有所追求」的表率

　　領導者在具有比任何人都更強烈的取勝欲望之後，接下來要做的就是鼓舞成員接受挑戰。

　　但是，**要創造真正有著必勝信念的理想團隊，在鼓舞成員之前，領導者自己身先士卒迎接挑戰是很重要的。**領導者不去挑戰，成員也不會去挑戰。不斷進行挑戰，不斷追求高標準的工作方式和生活方式，是非常有意義的事。領導者必須率先垂範，將這一點向團隊成員展示出來。這對於鼓舞成員迎接挑戰是非常重要的。

　　隨著經濟上的富足，「生而無求」的理念已逐漸被社會認可。

　　「何必非要挑戰？這麼活著就可以了。何必讓自己那麼辛苦？沒必要自己給自己找罪受」之類的想法已經成為一種社會風氣。

　　特別是在日本，這種風氣很盛。人們覺得畢業後進入公司，過幾年後當上科長、部長。這些事都是順理成章的。如果不能這樣，就認為是這個社會有問題，埋怨社會、對社會產生不滿。而且，還創造出了這樣的理論：「在這樣的社會裡，追求是一種痛苦，反正追求了也不會有任何回報，還不如順其自然反而更舒服自在」。

　　我卻並不這麼認為。我覺得只要認真努力，就一定會從中獲得成就感並得到成長。能享受成就感和成長的人生才是快樂的。

　　退一萬步而言，即使社會上有這種風氣，但畢竟成員們更多的時間都在自己所屬的公司裡。**要讓成員感覺到：不管外面的社會是什麼觀念，在自己的公司裡，越追求就越能獲得工作和生存的價值。**讓每位成員體會並意識到這一點，既是領導者的工作，也是責任。

　　當成員體會到這一點之後，在工作中就會願意迎接挑戰了。

　　隨著整個世界經濟的發展，信奉「生而無求」理念的人也越來越多。這種理念的蔓延是一種風險。在建設一個強大的團隊時，它有可能成為領導者的看不見的敵人。

　　要想打敗這個敵人，只有靠領導者身先士卒，展現出敢於迎接挑戰及不懈追求的態度，並把這種工作方式、生活方式所帶來的充實感向成員展示出來。今後的時代裡，這種領導能力將變得越來越重要。

領導者必須做到以下三點，才能不斷迎接挑戰

那麼，為了能夠身先士卒不斷挑戰，領導者自身應該怎麼做呢？

我認為有三點很重要。

第一點是自我期許。

否定自己就不可能抱有希望。沒有希望，就不會有挑戰的欲望。

因此，要想進行挑戰，就要對自己抱有希望，相信自己「說不定可以做到」，這是很重要的。

所以不妨經常用「這件事只有我能做到」，「這種事是我的強項」之類的話來鼓勵自己。

要想提高部下的幹勁，領導者就先要鼓足自己的幹勁。

因此，重要的是，在對部下寄予期望的同時，對自己也要寄予期望。

第二點是自我變革。

這是一個瞬息萬變的時代。如果不進行自我變革，即便想身先士卒帶頭發起挑戰，恐怕你也很難做到。

很多不注意自我變革的人，事到臨頭時就會想：「糟了，憑我的能力和方法很難獲得什麼成果。」

由於不想面對失敗，於是對挑戰敬而遠之。

因此，如果平時不注意改變自己，不認真思考如何才能讓自己成長的話，是無法帶頭發起挑戰的。

只有渴望成長並為此做好準備的人才有未來。

越是覺得自己很有能力、很優秀的人，越容易因疏於準備而落後於時代。

所以要冷靜客觀地看待自己，抱著謙虛的態度，不斷進行自我變革。

想成為能持續具有挑戰力的領導者，自我變革是不可或缺的。

不以自我變革為信條並付諸行動的公司是無法持續成長的。

第三點是自我管理。

自我管理對於經營者而言就是要自律。

這個問題大致可以從兩方面而言。

作為經營者不要走旁門左道；切忌過度奢侈；要一步一腳印扎實經營。

一旦癡迷於旁門左道和過度奢侈，很快就會被時代所拋棄。

還有一點就是健康管理。

經營者的工作無論在體力上還是精神上都是非常辛苦的。如果身體垮了，就無法承擔這份重任。

有些人在年輕的時候任意透支體力，其實這是因為他們不知道體力是有極限的。

要想任何時候都能帶頭迎接挑戰，就必須嚴格地對自己實施健康管理。對於經營者和領導者而言，這既是義務，又是責任。請大家一定牢記這一點。

第三章　自我訓練

訓練 1

請針對此章節中，各種經營者養成所必備的項目，進行自我評價。

以半年一次的頻度，定期自我評價，進行經營者養成的自我成長管理。

（下表為 3 年份）

	建設團隊的能力	年 月	年 月	年 月	年 月	年 月	年 月
1	建立信賴關係						
2	全心全意，全身心面對部下						
3	共享目標，責任到人						
4	託付工作並予以評價						
5	提出期望、發揮部下長處						
6	積極肯定多樣性						
7	抱持最強烈的取勝欲望， 堅持自我變革						

自我評價：

○＝有達到本書所載的水準

✕＝未達到本書所載的水準

訓練 2

舉出做得最好及做得最不好的項目，並寫下依據。

以半年一次的頻度，定期自我分析，進行經營者養成的自我成長管理。

（下表為 3 年份）

		做得最好	做得最不好
年 月	項目		
	依據		
年 月	項目		
	依據		
年 月	項目		
	依據		
年 月	項目		
	依據		
年 月	項目		
	依據		
年 月	項目		
	依據		

第四章

追求理想的能力

經營者要為使命而生

第一節
身為經營者的使命感

追求公司存在的意義重於一切

對公司而言最重要的就是使命感。

使命感是公司存在的理由，它也是「為何成立公司」、「公司為何存在」等問題的答案。我們必須對使命感不懈追求。

經營者必須認真思考自己成立公司的最終目的及公司存在的意義，直到確定「我真的想這麼做」、「我真的想讓她成為這樣的公司」，找到值得自己奉獻的使命，然後以為使命奉獻一切的精神來經營。

我本人作了四十多年的經營者，也一直在觀察其他人如何經營，我認為對於經營而言最重要的就是：企業活動是否遵照公司的使命。

那些並非曇花一現、**長期得到社會認同的優秀公司都是扎實地遵循著公司的使命感經營的。**

具體而言，就是他們的經營戰略和決策均遵照使命而制定，並且從不使經營偏離使命。

這些公司的共同特點是，為了完成使命，不斷地發起挑戰，並堅持不懈地追求高標準，追求理想。

這些公司的員工都能夠深刻理解公司的使命，並明確知道自己是在為實現公司使命而努力工作。

也就是說，在這種公司使命感實際上已經滲透到員工內心，並與每位員工的具體工作緊密結合。

崛起新秀中也不乏這種例子，Google 公司將「整理全球資訊，以供全世界所有人搜尋並使用」作為公司的使命，而他們也正是完全遵照這一使命來工作，並忠實於這一使命經營。

把公司使命作為一切經營活動的核心

如果公司的經營者和員工把「公司為何存在？」這一出發點都忘記了，就不可能成為一間好公司。

實際上很多公司的使命感都已經變得非常模糊了。

儘管很多經營者都宣稱很清楚自己公司的使命是什麼，但是，他們真的是遵照公司的使命在進行經營活動嗎？我認為未必。

　　不是很多人都一心想著獲利，而早就把使命拋在一邊了嗎？

　　例如，在有些公司使命早就變成了純粹寫在公司宣傳手冊中的東西，大不了在年初對其進行一年一次的例行確認罷了。

　　而且，在最近的經營者中，從一開始就沒有考慮過公司使命的人並不在少數。

　　那些人只關心如何快速獲利、如何成名，如何給自己的職業生涯貼金。

　　這些人並不是真正的經營者。

　　如果你問這些人「公司是誰的？」，他們一定會振振有詞地回答你：「是股東的」。這樣的回答與從 MBA 課程中學到的教科書式的回答沒什麼兩樣。

　　真正腳踏實地靠自己的努力在商場拼搏的經營者，對於這樣的問題，他們一定會回答：「是顧客的！」。

　　因為如果不能提供顧客他們所需要的商品，企業就失去了存在和生存的理由。

　　如果能夠實際感受並理解這一點，就一定會回答「公司是顧客的！」，除此以外不可能有其他的答案。

　　總之，經營者要想讓公司獲得成長，想讓公司永續發展，在進行經營時就必須把使命作為一切經營活動的核心，這點非常重要。

　　一旦忘記或是脫離公司的使命去經營，公司就會出現異常，並逐步走向滅亡。

第二節
不可或缺的使命感

只有為社會做貢獻的企業才能生存下去

那麼，是不是說只要是企業所認定的使命感，不管內容如何都行呢？

我認為，**真正優秀企業的使命感均是超越了單純經濟目的的使命感。**

公司必須獲得收益賺到錢。這是毫無疑問的。

但是，絕不能因此就將獲利視為一切，不能為了獲利就什麼都做，更不能所有的經營活動都圍繞獲利而展開。這樣一來，公司很快就會倒閉。

還是那句話，**公司只有為社會做出貢獻，才能得到社會的認同，社會才會允許它存活。**

公司從誕生的那一瞬間開始就是為大眾服務的。因此，只有能為社會做出貢獻的公司，才能超越時代，在社會上生存下去。

社會就是這麼殘酷，顧客就是這麼挑剔。

不能提高顧客的生活品質，不能給顧客帶來幸福，不能為社會做出貢獻的公司，終將被社會所拋棄。

對公司而言，獲利是非常重要的。

但是，獲利只不過是一種手段。公司的最終目的應該是實現自己的使命，即「為使人們幸福而存在」。

一味追求金錢，金錢反倒會離你而去

剛開始時可能意識不到這一點。因為公司沒有收益就難以維持下去。但是做著做著就會明白，如果我們只追求收益，顧客將不再像以往那樣光顧我們的店鋪，也將不再購買我們的商品。

如果我們經營時不為顧客著想，顧客是看得出來的。

如果公司關注的只是錢，而非顧客的幸福，最終一定會表現在商品和服務上。顧客會敏銳地察覺到這一點，絕不可能蒙混過關。

也有只追求收益，並因某一措施的成功而在一段時間內獲得高收益的公司。但是，這種公司不會長久，一般而言都以不幸結果告終。

　　如果只追求金錢，金錢反倒會離你而去。如果追求使命的完成，金錢則會自己找上門。

　　越是能使社會朝著好的方向發展的使命，當其具體呈現在商品、服務和銷售上之後，才能在社會引起越大的共鳴。對於這些令人期待的好商品、好服務，顧客一定會為之鼓掌喝采。最後我們的銷售業績也必將直線上升。

　　聽起來好像在說漂亮話，但是，面對肩負著迅銷集團未來的經營者候補人選，用寶貴紙面來羅列漂亮話並沒有意義。

　　這是我自身的經營經驗，以及透過觀察很多經營者的經營方式而得出的體會，是真理。

　　我希望大家樹立「讓社會更美好」這一崇高的使命感，並以堅持不懈地追求這一使命為目標，不斷實踐經營。如此一來，我們就一定能夠得到顧客的回饋。

第三節
迅銷集團的使命感與注意事項

迅銷的使命

迅銷的基本價值觀是「一切以顧客為中心」。

也就是，**展開一切為顧客著想的經營活動。**

基本的價值觀是我們在經營時所依據的基本思想。我們無論做什麼事，都要以此為出發點來考慮，並將其視為重於一切的經營基本思想。

當你迷惘、煩惱時，這一價值觀還為你提供了一個重新回顧反思的視角。

在這一基本價值觀的基礎上，迅銷集團為自己樹立了如下的使命。

「提供真正優質、前所未有、全新價值的服裝。讓世界上所有人都能夠享受穿著優質服裝的快樂、幸福與滿足。」

「所有人」，並非指特定的某些人，而是指超越貧富、男女老少、國籍、地區等一切「界限」的，世界上的所有人。

我們要讓所有人，因能夠擁有我們的商品，穿著我們的服裝而感到幸福。

迅銷集團正是為了向社會提供這樣的價值而存在的。

迅銷希望透過服裝，讓社會向更好的方向發展。這也正是迅銷存在的原因。我們的這一願望，同樣呈現在「**改變服裝、改變常識、改變世界**」這句宣言之中。

也許有人會覺得這樣說很誇張，但我並不這麼認為。正是因為我們堅信這個使命，並以實現這個使命為目標，堅持不懈地追求優質的商品和服務，迅銷才走到了今天。

倘若沒有這種對使命的執著追求，UNIQLO 的刷毛產品、HEATTECH 等商品或許就不會誕生。

以前價格昂貴，令人難以伸手的刷毛產品，現在已經成了所有

人都買得起的商品。

HEATTECH 的出現，也為人們在冬日享受時尚的方式增添了變化。

透過改變服裝，使人們可以用便宜的價格購買到功能優良、穿著舒適的服裝，從而改變了那些因價格昂貴而對商品望之興歎的人的常識，同時使人們的生活得以向更好的方向發展。在我們的努力之下，所有這些都正在逐步變為現實。

此外，我們還在孟加拉和柬埔寨開設工廠生產服裝，這是我們作出的又一項努力。對於發展中國家而言最大的問題不是沒有資金，而是缺少就業機會。為了盡自己的一份微薄之力以紓解這兩個國家的就業問題，我們在當地開設工廠，創造就業機會，這也是我們為改變世界而作出的努力之一。

對使命的共鳴和共享是必要條件

我希望迅銷的所有經營人員，都能夠強烈地意識到自己是為實現公司使命而經營的。

我希望你們深信這個使命能夠實現，並為自己能夠參與完成如此重大的使命，能夠進行這樣的經營而感到喜悅，為擁有這一夢想而感到激動。

並希望你們能夠在此基礎之上，思考自己所在部門和崗位的使命。

只有理解整個公司的使命，才會產生為實現它而盡自己微薄之力的使命感。也就是立志為實現公司的使命而努力，並在工作中做出成績的使命感。

例如，如果你是負責人事工作的，那麼，培養員工、設法提高員工的幹勁就是你要做的工作。在這種情況下，你就必須思考怎樣才能透過自己的工作為實現迅銷集團的使命貢獻一份力量，這也是你的使命。

但有些人並不是這樣做的，他們有自己想做的事。如果他們想做的事與迅銷的使命無關，那麼很遺憾，我認為他們是不適合在迅銷做經營者的。

對於經營者而言，最重要的就是要遵循使命進行經營。既然在迅銷進行經營，就必須**具有遵從迅銷公司使命的強烈意識，立志為實現公司使命而努力工作並做出成績**。

第四節
使命感賦予我們的東西

強烈的使命感會給你和你的團隊帶來什麼呢？我認為至少會帶來以下八樣東西。

使命感帶來責任感

如果抱有強烈的使命感，就會產生對商品負責的高度責任感，發誓「一定要製造出超出顧客期待的，令顧客滿意的商品。如果達不到這個標準，就決不放棄、決不妥協」。

無論服務、打造店鋪還是總部工作，所有工作都是這樣的。

強烈的使命感會帶來強烈的工作責任感。

有了責任感，就能出色地完成真正有益於顧客的工作。

如果你感覺自己的團隊對工作標準缺乏責任感，那麼，很有可能是因為團隊成員在共有公司使命這一方面做得不夠好。

使命感帶來職業道德

如果能夠將「為了讓顧客滿意、為了讓社會變得更美好」這樣的使命感植根於心底，就一定會認真進行生產，認真進行銷售。甚至如果不這樣做，就會感覺不對勁。

企業人的正確倫理觀、道德觀、價值觀，其根源都在於企業人對使命的強烈共有意識。

使命感可以提高我們的自發性

心中確立了使命感之後，自然就會產生追求更高目標的意願，並且希望達到更高的標準。

而且，這種意願還會使我們變得謙虛。

反觀自己時，你就會認為「從使命感來看，自己做得還遠遠不夠」。

這種意願既能成為追求更高目標的能量，也能帶來學習的欲望

和謙虛的態度。

也就是說這種意願使我們一心想向別人學習更多的東西，想從眾多事情中吸取更多的經驗，並將其運用於自己的實際工作中。

很少意識到自己不足的人，是不會有學習意願的。

不肯謙虛學習的人，往往是一些嘴上說著想去追求更高目標而實際上卻並不想那麼做的人，或者是缺乏危機意識的人。

能夠聽得進逆耳之言也是一種學習，這樣做能夠使我們獲得進步。

有些人總是以自己的邏輯來排除新知識、新智慧，企圖以此來保護自己，這種人是不會進步的。

所獲得的成功越大，想保住它的傾向就越強。你們是被稱為經營者候補的人，所以就更應該養成捫心自省的習慣。

使命感使你成為「不氣餒的人」

真把使命當作自己畢生志業的人，如果不能完成使命，就會非常懊惱。甚至不完成使命，就會死不瞑目。

因此他不會因為一點點人不了的失敗而氣餒。也許會情緒低落一陣子，但是他很快就會意識到還不到氣餒的時候。並且一定會產生「我一定要成功」、「我絕對要爭口氣」、「下次我一定做得更好」之類的決心。

使命感最終會使我們成為敢於拼搏、愈挫愈猛的勇士。

使命感能夠為你的團隊成員指引方向

我們到頭來究竟是在為何而努力？我們的努力到底能收穫什麼成果？如果不清楚這些，員工的責任感就會越來越低。

使命感能夠清楚地為所有人指明方向，它給員工帶來了努力的希望和夢想。

使命感為你的團隊帶來優秀人才

可能的話，誰都想與優秀的人才一起工作。其實，越是優秀的人才，越是關注自己的工作是否具有社會意義。

優厚的待遇固然很重要，但是真正能夠吸引優秀人才的是具有社會意義的使命感，使命感才是吸引人才的關鍵所在。

使命感能讓人清楚地了解你的公司

這家公司到底是個什麼樣的公司？志向如何？當公司進軍市場，和交易夥伴締結合作關係時，或者與股市、金融機關打交道時，這是經常被關注，也是經常被問到的問題。

特別是當我們走出國門、走到日本之外的世界時，就更需要能夠明確回答這個問題。

堅定的使命感能夠給我們一個明確的答案。而且，只要遵循使命感扎實經營，就能做出實際成績，這比語言更有說服力，能夠給人單憑語言無法給予的信任感。

對於一個公司而言，使命感越是能夠呈現「公司是為社會服務的」這一理念，公司就越容易被社會所接受。

此外，如果在中國或美國等國家展開業務，我們就必須建立可促進當地經濟發展並能夠提供就業機會的企業。只有這樣，我們才能穩穩扎根於那些國家，並逐漸成為那些國家的人民和社會所需要的公司。

使命感為你提供判斷標準

使命感是我們的存在價值，所以它既是公司一切工作的出發點，又是公司一切工作的目的。

由於使命感既是整個公司的志向，又是公司一切工作的目的，所以對於身為經營者的你而言，它應該是一切事情的判斷標準。

作為經營者你還應該將使命感作為約束自己的準則和你人生的原則。

也就是說，你必須立志無論在什麼情況下，都不偏離這個使命感，並將之作為自己行動的準則。

例如，你要依據使命感來進行判斷，有些事雖然從獲利的角度來看很有吸引力，但如果它偏離了使命感，就不能做。

使命感還會令你做出這樣的決定：「絕不使用偏離使命的方法

來進行經營」。

相反地，在經營中你會實踐「只要是符合使命的事情，就集中公司的力量去做」、「總是堅持不懈地追求有助於實現公司使命的成果」。

以上關於使命感的理解，你是否認同呢？

對使命感有了上述認識之後你會發現，只要你心中能夠樹立起強烈的使命感，在使命感的推動下，你自然就會遵守我們在第一章到第三章中所講的行動準則。

第五節
與使命感的絆腳石爭鬥

前面我們講了使命感對公司、對經營者的重要性。事實上，一個公司如果對使命感的執行情況放任不管的話，隨時都有可能偏離使命感，甚至越走越遠。

使命感是需要有意識地進行管理的。

經營者在進行經營時，絕不能有一刻的鬆懈，要意識到使命感並不是悠悠哉哉地就能夠徹底執行的。

所以，我希望**每個經營者都要做好心理準備，一旦發現公司出現以下徵兆，就必須立即與之對抗**。因為以下任何一項都有可能威脅到使命感的實現。

一、工作中充斥著以自我為中心、高高在上的工作態度

有些組織在草創初期或是組建團隊之初曾經樹立了堅定的使命感，團隊成員也曾共享使命感，但是隨著時間的流逝，即便是這樣的組織，也將漸漸淡忘使命感。

明明知道正因為立足於使命感，自己的公司才有存在的意義，但是卻漫不經心地進行經營，就好像公司的存在是理所當然的，顧客的光顧也是理所當然。

由於忘了自己的工作目的，於是出現了以自我為中心的商品，自己的一套理論、藉口也多了起來，這些都是思想鬆懈的徵兆。

此外，包括我們公司在內的一些大企業、處於優勢地位的企業，一旦淡忘了使命感，就會失去謙虛的態度，在與交易夥伴或是部下相處時往往會表現出高高在上的態度。

這種做法會使我們失去能夠在緊要關頭真心協助我們，並與我們共度難關的夥伴。

經營者必須帶著危機意識，不斷與這些徵兆對抗。

二、使工作流於沒有特色的、模仿性的工作

只有將我們自己獨有的價值提供給顧客，我們才會被顧客認可，才能夠完成使命。

如果和別人做同樣的事情，公司就失去了存在的價值。但是，組織一旦偏離使命感就會忘記這一點，就會在別人做了之後開始跟風，或者模仿別人做類似的事情。

如果出現這種徵兆，經營者必須與之對抗，並**鼓舞大家「任何事情都要先於別人第一個去做」**。

三、機械的、缺乏獨創性的、照本宣科的思考模式

受時代變化和當時情況的影響，無論是真正有益於顧客的事還是現在必須做的事，都並非一成不變。

因此，**工作就是要根據當時的具體情況認真思考，判斷怎麼做才是正確的。這是基本原則**。否則我們就不能正確把握顧客的心理，不能進行有益於顧客的工作，我們的使命也就成了空中樓閣。

如果對自己的使命缺乏高度的責任感，工作就會變得漫不經心。在工作中，以下的傾向就會變得越來越明顯。

- 不考慮工作的目的、效率，也無心進行改善，只把工作當作單純的操作；
- 完全依賴工作手冊進行工作，或者只能按照工作手冊上寫的來工作；
- 機械地給部下分配工作；
- 不能對工作中因循守舊的做法有所察覺；
- 對於社會環境及周圍的氛圍，只求跟風而無自己的想法。明明做出了偏離根本的決策，自己卻絲毫意識不到。

如果出現這些徵兆，經營者就必須嚴陣以待，帶著強烈的危機意識與之對抗，並運用自己的良知、經驗和知識等進行認真思考，設法將組織拉回到正確的軌道上來。

四、官僚主義的氾濫

工作靠的是團隊作戰。一個組織只有所有成員能夠共享使命

感，才能強烈地意識到憑藉一個人的力量根本不可能實現使命，並因此而致力於團隊作戰。這種情況下，人與人之間就會產生充滿人情味的、令人感到溫暖的溝通與交流。

但是，如果團隊成員不能共享使命感，官僚主義的、缺乏人情味的工作方式就會越來越明顯。

例如：

- 只專注於擬定計畫、分析數值，不了解現場情況卻以居高臨下的態度向現場下達指示；
- 自己不去發現問題，全憑別人的報告進行判斷；
- 把精力花在如何使報告上的資料看起來更完美；
- 不是一切以顧客為尊，而是按照公司高層領導、上司以及總部的意見行事；
- 不考慮工作的優先順序，只做自己容易做的工作；
- 意見多，行動少；
- 極度畏懼失敗，逃避挑戰；
- 商品和銷售工作中存在很多依循先例的決策；
- 不重視全公司最優卻重視局部最優的做法氾濫。

官僚主義與「從顧客立場出發」的經營是相對立的。如果對其放任不管，就無法完成我們的使命。

經營者必須與之對抗。

五、評價標準寬鬆，以實力之外的因素來決定人事安排

正因為使命不是輕易就能實現的，所以它才具有追求的價值。

執著追求使命的公司自然會以嚴格的標準對工作進行評價。因為他們樹立了高目標，所以能夠執著地以高標準來要求自己的工作。

當然，如果不遵循實力主義進行人事安排，是不可能實現公司的使命的。

我們不容許工作業績平平，同時對於那些滿足於低目標，總是不能按標準完成工作的人。對於這樣的人，我們不可能置之不理。

但是，一個組織如果忘記了使命感，在工作上不嚴格要求自己、不思進取的話，就會忘記這種人事安排的原則，評價標準也會

變得越來越寬鬆。

　　缺乏實力，擅長拍馬屁和圍著上司轉的人開始獲得重用。

　　如果公司中存在這樣的人事安排，那麼經營者就要對此負責。

　　脫離實力主義的話，會使低員工失去幹勁兒，並由此不再信任經營者。

　　這樣的話，就更不要奢談什麼實現使命了。

　　人事管理是最需要經營者嚴格自律的管理領域。

第六節
面對危機時經營者的應盡行為

追求使命感，這是經營者的正道。如果能一帆風順地走下去當然好，但經營這條道路卻並不那麼平坦。

特別是當下，**經營者必須事先為突發事件的危機處理做好準備。**

正因為我們一直以誠信的態度對待一切工作，所以這種情況似乎離我們很遙遠，但是不能就此斷言商品、銷售或是其他和經營有關的任何問題不會降臨在我們身上。

例如像 2011 年 3 月 11 日發生的東日本大地震這樣的災害，沒人能保證今後類似的情況不會再次發生在我們的事業所涉及的國家或地區。

作為經營者，對於這樣的事，**我們不能逃避，而是要對可能性做出預見，並事先確定自己的行動準則，這是一個具有使命感的、規範的公司擺脫危機的不二法門。**

下面是我在《永遠懷抱希望》這本書中，就這個內容做的敘述，請大家參考。

我在之前就已經決定，當遭遇危機時，要做出如下的考慮並付諸行動。

首先，經營者要站在最前線。一旦發生突發事件，必須率先收集資訊，盡快制定對策，並落實到具體行動上。

然後，根據制定好的對策建立一個完善的體制，以便各現場的領導者能夠運用自己的權限，對分秒變化著的實際情況做出迅速應對。

這一連串的措施，在組織中，只有最高層才能夠做得到。

此外，要立刻準備對員工和社會做出回應。準備完畢後要盡早採取行動。快速回應非常重要，在這一點上，無論企業家還是政治家都是一樣的。

在遭遇突發事件時，一定要正視現實。即使是對自己不利的、

極為殘酷的現實，也要正視它、接受它。然後考慮應該怎麼做並付諸行動。

最重要的是資訊公開。即使你面對的現實再殘酷再不願意公開，最高層也要親自出而言明情況。

不過，這種時候要加上一句話：「雖然現在形勢嚴峻，但是將來我們會這樣做」。

如實公開信息能夠在我們與員工及公眾之間建立起信賴關係。在危急時刻，構築起公司和社會之間的信賴關係也是公司高層的責任。

越是危機時刻就越能考驗公司的高層是否夠格。公司順利時，無論誰來經營，都不會差到哪兒去。但是，當遭遇危機時，如果領導者不能迅速做出準確的判斷，企業就有可能遭受致命的打擊。

（摘自《永遠懷抱希望》天下文化出版，第 209 至 210 頁，作者：柳井正）

第七節
以創造理想的企業為目標，不斷挑戰人生

我和大家的對話已經接近尾聲，在這裡，我對大家有一個要求，那就是**所有成為經營者的人都要懷著對理想和未來的強烈希望來進行經營。**

沒有理想一切都無從談起。

《Professional Manager》的作者 Harold Sydney Geneen 曾經說過：「經營是一個需要從最終目標往回逆推的過程，為了實現最終目標要盡我們最大的努力」。

小的目標缺乏凝聚力，我希望大家樹立遠大的理想，以創造理想的企業為目標，全力以赴地經營。

當然，這個過程並非一帆風順，或許會有很多挫折。但是，請不要輕言放棄。

請正視自己，不斷挑戰人生。

所謂真正的成功者，並非只是那些商界或體育界的精英，而是指那些將自己的事業視為生命，並為之奮鬥的人。

只有能夠日復一日地挑戰自我並戰勝自我的人，才能夠越來越接近自己的理想。

每個人都以創造理想的企業為目標，不斷追求，不斷挑戰自我。這種經營，一定能帶動社會朝著更好的方向發展。

第四章　自我訓練

迅銷集團的使命是

「**提供真正優質、前所未有、全新價值的服裝。讓世界上所有人都能夠享受穿著優質服裝的快樂、幸福與滿足。**」

（1）作為有助於實現此使命的人員，您取得了什麼樣的成果呢？

此外，對於此成果，您如何評價呢？

（2）為了讓目前的狀態變得更好，下一步該做什麼，而且該如何做呢？

以半年一次的頻度，定期自我分析，進行經營者養成的自我成長管理。

（下表為 3 年份）

		成果（上段）／提高成果的習題（下段）	自我評價
年	（1）成果		
月	（2）習題		
年	（1）成果		
月	（2）習題		
年	（1）成果		
月	（2）習題		

自我評價：
○＝有達到本書所載的水準
╳＝未達到本書所載的水準

		成果（上段）／提高成果的習題（下段）	自我評價
年	（1）成果		
月	（2）習題		
年	（1）成果		
月	（2）習題		
年	（1）成果		
月	（2）習題		

透過第一章～第四章進行自我訓練

　　從《經營者養成筆記》的所有項目中，選出自己做得最不好的項目，並舉出您覺得在迅銷集團內做得最好的人。

　　請把握機會，向該人員請教，學習。

	自己做得最不好的項目	您覺得做得最好的人	學習成果
年 月			
年 月			
年 月			

	自己做得最不好的項目	您覺得做得最好的人	學習成果
年 月			
年 月			
年 月			

導讀

2011 年 2 月 3 日，我在董事長辦公室與迅銷董事長、總裁兼CEO 柳井正先生（以下簡稱柳井先生）會面。柳井先生表示：「希望以自己身為經營者的立場，整理出經營管理上值得實踐的項目，應用於員工教育，並且迅速培養出兩百位經營者。」

當時，HEATTECH 系列產品，使 UNIQLO 的營收呈現驚人成長，到達約八千一百四十八億日圓（2010 年度財報）。另一方面，身為集團經營者，柳井先生似乎也預測到市場將面臨全球化的考驗，假如能及早掌握先機，肯定能為企業帶來飛躍性的成長，為此也必須盡速培養經營方面的人才。這本《經營者養成筆記》就是將當時的構想化為實體的代表。剛開始是著眼於高層幹部的教育，但現在就連店鋪的店長，也以這本書來接受教育訓練，內容的成效，從迅銷集團此時此刻的業績，即可說明一切。

這本原本實際在公司內使用的筆記，在發給員工時都還配有書籍編號以維護企業機密。為什麼柳井先生現在會願意公開出版，提供給社會大眾閱讀呢？其中的一個原因，在於他希望透過分享情報及員工教育的內容，使全球化企業的經營面更加透明化，並讓大眾深入了解迅銷集團的經營理念。

但更重要的原因，是來自柳井先生想勉勵所有立志成為經營者的人們，以及希望世界更加美好的強烈願景。他認為日本與這個世界上有許多比自己具備潛力的人，如果能夠早些具有正確的思考方向，說不定能有更多人得以成就大事。為此，柳井先生才想分享這本筆記的內容，提供想成為經營者，或是想培育經營者的人作為參考，以自己的經驗為基石，讓自己公司以外的人才也能獲得成長的機會，促使社會往幸福的方向邁進。

從自身的經驗中，柳井先生認為，一個人是否適合成為經營者，並非必須具備與生俱來的才能。

大學時代，他沒有參加任何研討班，經常是打打麻將就混過一天。畢業後，柳井先生帶著其實不是很想工作的心態求職，更是做不到十個月就離職了。回到故鄉想繼承家業，結果沒多久，除了一名員工，其他人全都辭職了。他也因此笑稱自己是「沒用的人才」。他認為，連這樣的自己，只要具備充分覺悟，都可以在經過一定的磨練後，成為一位經營者。所以他的信念是，只要願意面對最真實的自我，任誰都有機會成為經營者。

　　在員工面前，他經常強調：「要裝作很有自信的樣子！」事實上，柳井先生小時候相當內向，據說很不擅長在人前說話。但，他從自身的體驗學到，只要下定決心，說話時裝作有自信的模樣，不知不覺就會習慣於這樣的自己。

　　我常被人問到：「柳井先生其實是個什麼樣的人？」他在各大媒體上，經常選用表情較為嚴肅的照片，發言本身也相當引人注目，不免讓許多人感到好奇。在我眼中，柳井先生就是一位非常純真的人，他比任何人都重感情，也很重視周遭的人際關係。平常的他，看起來雖然嚴厲，但也正因為常在他身邊，我才能接觸到他真實的另一面。如果問到公司高層幹部或外部的合作夥伴，我想他們也會有同樣的答案。「雖然有些不按牌理出牌，但總是想實現柳井先生的心願，一起努力往同一目標邁進。」我想，柳井先生似乎有著激勵身邊的人一起攜手向前邁進的能力。我曾聽本田宗一郎先生的左右手透露，宗一郎先生也是如此。成功的經營者們之間，果然有些無法比擬的共同點吧。

　　我與柳井先生是在 1992 ～ 93 年結識的。1991 年 9 月，小郡商事更名為迅銷，脫離零售商家的形式，以股份公開上市企業為發展目標。我到現在還記得當時第一次見面的狀況。他一開口，就一臉正經地跟我說：「我想成立一家超越 GAP 的企業」。之後，柳井先生更具體表示：「為了實現超越 GAP 的目標，我想同步建立更完善的人事布局」。當時，年營收僅約一百四十三億日圓（1992 年度財報）的企業，打算超越全球規模數一數二的休閒服飾零售企業，而

且還是一家開在山口縣宇部市，一條沒什麼生意的商店街旁，位於老大廈中一層的服飾店。店內的地毯非常老舊，甚至有些地方已經破損了。泡沫經濟崩壞後，由於創業開店容易遭主要銀行體系拒絕融資，因此初期經營得非常辛苦。這樣的企業，說要超越 GAP 的規模，各位聽了會怎麼想呢？

老實說，我當時覺得「真是太有趣了！」沒想到在這世道下，竟然還會有人這麼認真說出如此「天馬行空」的夢想，這就是我對柳井先生的第一印象。我本身認為自己是個普通人，但在旁人的眼中似乎是個怪人，或許也因此誤打誤撞，雖然有經營顧問的頭銜，但剛從大學畢業，外表看起來也不太可靠的我，就此獲得了柳井先生的重用，這確實令我始料未及。

筆記的內容提到，對一名經營者來說「期許」的重要性。我也因此切身體會到，人一旦感受到他人對自己的期許，就容易發揮意料之外的能力。在工作上，柳井先生適度放手讓員工負責的管理手法，在經營者當中可說是相當出色。甚至可以說，迅銷成功的精髓，就在於那份經營者傳達給員工的「期許」。

幸而，企業順利重建完成。1994 年 7 月，就在當初的首要目標——廣島證券交易所掛牌上市，如今也過了幾十個年頭。期間，在刷毛外套熱潮漸退，營收從超過四千億日圓跌到三千億日圓之際，柳井先生無視群眾的擔憂，逕自發表一兆日圓的全球目標，這件事可說是讓不少人跌破眼鏡。這時候，我雖然再度感到有趣，但也意識到公司再這樣下去不行。雖實屬僭越，我仍正視到，若要正式登上世界舞台，迅銷在設計（創意）面上的 DNA 不夠充足這項事實。

正當反覆思索解決之道時，我認識了佐藤可士和先生。直覺告訴我，答案就在這個人身上。但當時，可士和先生的名氣沒有現在響亮，柳井先生對於設計者也仍抱持質疑，似乎對雙方會面一事沒什麼特別的興趣。我幾經煩惱，幸運的是，NHK 正好開始播出一個名為《專家的作風》的節目，第四集邀請到的就是可士和先生。於是我鍥而不捨地推薦柳井先生收看。

果不其然，柳井先生在看過之後深感興趣，過幾天就和我一同拜訪可士和先生的工作室。見面不到一個小時，他們意氣相投，柳井先生就全權將紐約的工作交給可士和先生負責了。在一連串的準備工作之後，於 2006 年 11 月，短短半年的時間，UNIQLO 就在紐約開設了第一家全球旗艦店「UNIQLO SOHO」，使得這個品牌，自此正式進攻全球化市場。

　　柳井先生提到當時的事情，還常以「奇蹟」來形容。他覺得，在那個時間點結識了可士和先生，半年後還能在紐約成功開設具代表性的旗艦店，這過程著實是個奇蹟，如果不是在那個時間點，可能一切還不會這麼順利。聽他這麼說，我自然十分高興，不過如果這一切是奇蹟，那柳井先生也可說是奇蹟的推手了。其後，柳井先生陸續認識了使品牌形象煥然一新，主導 UNIQLO 企業宣傳，世界首屈一指的創意人 John C. Jay 先生、哈佛大學的竹內弘高教授、網壇名將錦織圭選手，以及 7&I 控股公司的鈴木敏文先生、日本電產的永守重信先生、軟銀的孫正義先生、星巴克的霍華・舒茲先生等等，受到這些業界人士的提攜，迅銷才得以發展至今，要感謝的人實在不計其數。

　　然而，為什麼這些人際關係，能夠促使柳井先生一展雄心壯志呢？
　　我認為，這都是因為柳井先生其實在性格上十分單純，一心想將世界導往更美好的方向。這股執著的信念，能夠使擁有同樣志向的人產生共鳴。像這樣擁有單純信念的人，通常難以屈就於「普通」，總是在尋找新鮮有趣的人事物，所以這種類型的人，往往能夠匯集企業內部、外部的人心，進而開拓出嶄新的道路。在我眼中，迅銷成功的歷史背後，有著這樣的深切典故。

　　這本筆記當中，依序彙整了經營者必備的四種能力。在規劃經營者教育之際，我感受到這四種能力，其實都出自身為經營者的柳井先生自身的體驗。首先是在故鄉商店街瀕臨店鋪紛紛倒閉的經驗，而他則經歷了同在商店街經營店鋪的同學所無法想像，大波大浪的人生之途。柳井先生經常向員工提及一家店經營上的困難與重

要性，為此必須避免以「穩定」為首要目標，「成長」才是唯一的選擇。經營者必備的是變革的能力，那些過去的體驗，一路塑造出這樣的經營者思維。

獲利能力的起點，始自 UNIQLO 一號店。當時，企業的資金仍屬不足，無法在最佳的地點開店營業，品牌本身也是沒沒無聞。為了成功銷售產品，柳井先生嘗試了許多方法，才終於掌握到訣竅。

就算只是一張傳單，也包含著柳井先生所珍視的原點。

建設團隊的能力，也出自於剛才提及「除了一名員工，其他人全都辭職」的體驗。

追求理想的能力，正如同 15 頁的圖表所示，柳井先生認為，這份力量是四種能力當中的核心。正如同迅銷的經營理念第二條：「實踐良好的創意，帶動社會，改革社會，貢獻社會。」迅銷向股份公開上市逐步發展，而他在思考企業方向時，早就以社會責任意識為己任，與我初識時的那股信念，始終如一。

但讓我切身感受到這些確實是經營者必備的能力，是在前往倫敦等海外市場展店，失利慘敗的時候。不具備國際知名度，沒有明確使命感，或是其使命感無法獲得認同，當迅速躍升世界舞台，很容易被不當一回事。從結果而論，當時海外的經歷，不論是對於經營者、企業或其使命感而言，都成為促使其能夠更上一層樓的寶貴經驗。

如果能夠透過柳井先生的這些體驗，讓各位帶著想像閱讀這本筆記的內容，想必對柳井先生所希望傳達的訊息，能有更深一層的體認。

這邊不能不提到的是，柳井先生在工作上嚴厲的一面。確實，半吊子的事物，無法獲得他的認同，但他並非對所有事項都是如此。媒體時常報導他行事獨裁，但這樣的說法不完全正確。在我看來，柳井先生在許多意見上，就是個「最嚴格的顧客代表」，在他腦海中，就只有「這樣無法讓顧客感到驚喜」這個簡單的標準而已，並非出自他個人的好惡或一味否定。但要讓顧客感受到驚訝及喜悅，卻是最難達到的一個標準，也因此讓所有員工十分煩惱。但，如果沒有

找出得以突破的解決方法，也終究會難以獲得客人的支持，投下大筆資金，收益卻無法回流，員工的努力將付諸流水。所以員工會設法往正確的方向努力，提出各種能夠讓這位「顧客代表」接受的意見。這就是柳井先生專屬的「反饋機制」，也是他嚴格行事作風的本質。或許也正因如此，迅銷不會駐足於瞬間的成功，而能夠一直以來不斷地成長與前進。

　　這樣的反饋機制，不僅在於與員工之間，也存在於他對自身的價值觀。柳井先生是一位有自我否定傾向的經營者。無論對之前的決策有多麼深信不疑，或是已經推展到一定程度，當他以「顧客代表」的角度客觀審視，有時會得到不同於以往的發現。此時，柳井先生就會乾脆地自我否定，同時也願意傾聽不同的意見，並勇於在員工面前承認自己的錯誤，為企業進行大幅度的改革，這也是迅銷在企業成長歷史中的一環。

　　這本《經營者養成筆記》，不是一本傳授技術訣竅的工具書。柳井先生認為，在經營狀況不同時，即使了解其他企業的訣竅也無濟於事。所以在閱讀本書時，希望讀者以「自己在實務上會如何操作」為視點，思考並且尋找出屬於自己的解答。

　　由於出版書籍必須有個封面，在作者處也標明了柳井正這個名字，但在此請讀者們拿掉書皮，在「name」的地方填上自己的名字，這是柳井先生在出版本書時的一個心願。

　　然後在閱讀過程中，請盡量以自己的字跡填滿這本筆記。柳井先生本身，就會這樣從無數本書籍當中，找出自己能夠實踐的方法，並使其具體化。事實上在迅銷內部，有個說法就是「在筆記上寫越多字，就越能看出這個人的工作成效」。

　　筆記內容本身，大約花上一個小時的時間就可以讀完，但讀過就放到一邊的人，跟把筆記當辭典一樣，從中找出能夠應用在實務上，利用這本筆記自問自答的人，在成果上會有相當大的差異。從中間的章節開始，會有簡單的自我評價表，在迅銷，職位越高的員工，就有越難在自我評價上打〇的傾向。舉個例子來說，「每天耐心

完成自己分內的工作」如此單純的一個項目，隨著職位越高，管理者就越能體認到其中的難度，以及在經營面上所代表的重大意義。所以，也請各位持續檢視筆記中的自我評價表。

此外，這本筆記不只適用於經營者，我經常自嘲自己是董事課長或董事小職員，除了開玩笑外，有部分也是因為，我發現當以經營者角度面對自己的工作時，工作起來會更愉快，成效也會更加明確。事實上，筆記中的內容，對於任何職位的人來說都同樣重要，也是相當容易實行的。希望有更多人能夠藉由這本筆記，獲得自我成長的機會。

最後，要感謝柳井先生這位經營者，讓我參與了從新創企業成長為全球化的大型企業這種可能在教科書上才會出現的企業發展史，對身為一介經營顧問的我來說，是十分難能可貴的體驗，近期還願意委任我負責導讀如此珍貴的筆記內容，在感受到壓力的同時，我也萬分感激。希望能藉由本篇導讀，讓讀者更加了解柳井先生這位經營者，若是能夠為閱讀本書的各位盡上一份心力，那將是個人的至高榮幸。

道股份有限公司 董事長兼社長 **河合太介**

　　經營顧問。人與組織的管理研究所──道股份有限公司的董事
長兼社長。著有《令人不悅的職場》(*不機嫌な職場*，講談社現代
新書出版)等。擔任早稻田大學商學研究所兼任講師、慶應丸之內
City Campus (MCC，慶應大學社會教育機構)客座講師。

參考文獻

- 《迅銷精神與實踐》（*FR の精神と実行*）柳井正著，新潮社出版 [日]
- 《一勝九敗》（*一勝九敗*）柳井正著，徐靜波譯，天下雜誌出版
- 《成功一日可以丟棄》（*成功は一日で捨て去れ*）柳井正著，徐靜波譯，天下雜誌出版
- 《一勝九敗 2：優衣庫思考術》（*ユニクロ思考術*），柳井正著，中華工商聯合出版社出版 [陸]
- 《永遠懷抱希望》（*柳井正の希望を持とう*）柳井正著，陳光棻譯，天下文化出版
- 《工作學問的推薦——我的杜拉克流經營論》（*柳井正わがドラッカー流経営論*），NHK「仕事のすすめ」制作班編，日本放送出版協會 [日]
- 《Professional Manager（プロフェッショナルマネジャー）》（*Manager muessen managen*），Harold Sydney Geneen、Alwin Moscow 著，田中融二譯，柳井正導讀，PRESIDENT 出版 [日]
- 《Professional Manager Note（プロフェッショナルマネジャー・ノート）》（Harold Sydney Geneen 著，PRESIDENT 書籍編輯部編譯，柳井正導讀，PRESIDENT 出版 [日]）
- 《杜拉克：管理的實務》《杜拉克：管理的使命》《杜拉克：管理的責任》（*Management: Tasks, Responsibilities, Practices*），彼得・杜拉克著，李芳齡、余美貞、李田樹譯，天下雜誌出版
- 《彼得・杜拉克的管理聖經》（*The Practice of Management*），彼得・杜拉克著，遠流出版
- 《杜拉克談高效能的 5 個習慣》（*The Effective Executive*）彼得・杜拉克著，齊若蘭譯，遠流出版
- 《動盪時代的管理》（*Managing in Turbulent Times*），彼得・杜拉克著，機械工業出版社 [陸]
- 《基業長青》（*Built to Last*），詹姆斯・柯林斯、傑利・薄樂斯著，遠流出版
- 《致勝：威爾許給經理人的二十個建言》（*Winning*），傑克・威爾許、蘇西・威爾許著，天下文化出版
- 《一個企業的信念》（*A Business and its Beliefs: The Ideas that Helped build IBM*）Thomas John Watson Jr. 著，Mcgraw-hill Inc，1963 年
- 《別殺了雞》（*Don't Kill a Cock*），Kevin D. Wang 著，幻冬社出版 [日]
- 《賈伯斯所說『捨棄無趣事物』的真義》（*ジョブズ氏が言う「つまらないものは捨てろ」の意味*），日本經濟新聞，2011 年 5 月 16 日 www.forbes.com

作者簡介

柳井正（Tadashi Yanai）

　　迅銷集團（Fast Retailing）董事長、總裁兼 CEO。1949 年 2 月 7 日出生自日本山口縣。1971 年 3 月從早稻田大學政治經濟學院畢業後，任職於知名綜合百貨賣場佳世客（JUSCO，現永旺集團），1972 年加入父親經營的小郡商事（現迅銷集團），1984 年，於廣島市開設休閒服飾零售店 UNIQLO（優衣庫）一號店，後於日本全國積極開設分店，發展為日本最大規模的休閒服飾連鎖品牌。2005 年 11 月，將迅銷集團改組為控股公司，旗下囊括 UNIQLO、GU、Theory、HELMUT LANG、PLST、Comptoir des Cotonniers、Princesse tam.tam、J Brand 等品牌。

　　根據 2016 年度的財報，集團年營收高達一兆七千八百六十四億日圓，成長為世界第三大的休閒服飾零售企業。其中，UNIQLO 遍布日本、中國、香港、台灣、韓國、新加坡、馬來西亞、泰國、菲律賓、印尼、美國、英國、法國、德國、俄羅斯、澳洲、比利時、加拿大等十八個市場，擁有一千八百多家分店。迅銷集團以「改變服裝、改變常識、改變世界」為企業理念。

　　2001 年 6 月，任日本電信龍頭軟體銀行（SoftBank）外部董事。2013 年，獲美國《時代週刊》的「TIME 100」選為全球百大影響力人物。2014 年，更於美國專業雜誌《哈佛商業評論》11 月號，獲評選為「全球執行長 100 強（Best Performing CEOs in the World）」之一。

內文設計、裝幀：佐藤可士和、石川耕

經營者養成筆記

作者	柳井正
譯者	本文：迅銷集團／導讀：林佑純
商周集團執行長	郭奕伶
視覺顧問	陳栩椿
商業周刊出版部	
總編輯	余幸娟
責任編輯	高佩琳
內文設計、裝幀	佐藤可士和、石川耕
封面、內頁構成	亞樂設計有限公司
出版發行	城邦文化事業股份有限公司-商業周刊
地址	104台北市中山區民生東路二段141號4樓
	電話：（02）2505-6789　傳真：（02）2503-6399
讀者服務專線	（02）2510-8888
商周集團網站服務信箱	mailbox@bwnet.com.tw
劃撥帳號	50003033
戶名	英屬蓋曼群島商家庭傳媒股份有限公司城邦分公司
網站	www.businessweekly.com.tw
製版印刷	中原造像股份有限公司
總經銷	高見文化行銷股份有限公司　電話：0800-055365
初版1刷	2017年（民106年）5月4日
初版32.5刷	2023年（民112年）10月
定價	420元
ISBN	978-986-94226-1-1

KEIEISHA NI NARUTAME NO NOTE
Copyright©2015 by Tadashi YANAI
Cover&Interior design by Kashiwa SATO & Ko ISHIKAWA
First published in Japan in 2015 by PHP Institude, Inc.
Traditional Chinese translation rights arranged with PHP Institude, Inc.
through Bardon-Chinese Media Agency

國家圖書館出版品預行編目資料

經營者養成筆記 / 柳井正著. -- 初版. -- 臺北市：城邦商業周
刊, 2017.05
　　面；　公分. -- [金商道]
譯自：経営者になるためのノート
ISBN 978-986-94226-1-1[平裝]

1.企業領導 2.組織管理

494.21　　　　　　　　　　　　　　　　　105024879